矮砧苹果高质高效管理技术手册

主编　薛永发

西北农林科技大学出版社
·杨凌·

图书在版编目（CIP）数据

矮砧苹果高质高效管理技术手册 / 薛永发主编．—
杨凌：西北农林科技大学出版社，2022.11
ISBN 978-7-5683-1183-0

Ⅰ．①矮… Ⅱ．①薛… Ⅲ．①苹果—矮化砧木—果树园艺—技术手册 Ⅳ．① S661.1-62

中国版本图书馆 CIP 数据核字（2022）第 230125 号

矮砧苹果高质高效管理技术手册

薛永发 **主编**

出版发行	西北农林科技大学出版社		
地　　址	陕西杨凌杨武路 3 号	**邮　编**：	712100
电　　话	总编室：029-87093195	发行部：	029-87093302
电子邮箱	press0809@163.com		
印　　刷	西安浩轩印务有限公司		
版　　次	2022 年 11 月第 1 版		
印　　次	2022 年 11 月第 1 次印刷		
开　　本	787 mm × 1 092 mm　1/16		
印　　张	11		
字　　数	147 千字		

ISBN 978-7-5683-1183-0

定价：46.00 元

编写人员

主　编： 薛永发（千阳县果业发展中心）

副主编： 谢宏伟（千阳县果业发展中心）

李广文（宝鸡市园艺技术工作站）

李丙智（西北农林科技大学）

侯满伟（陕西省果业研究发展中心）

编　委： 杨成成（千阳县果业发展中心）

杨建利（千阳县果业发展中心）

刘文杰（千阳县果业发展中心）

张　艳（千阳县果业发展中心）

王韦骁（宝鸡市园艺技术工作站）

梁录瑞（千阳县果业发展中心）

刘军伟（宝鸡市园艺技术工作站）

李志东（千阳县果业发展中心）

权学利（宝鸡市园艺技术工作站）

高利敏（千阳县果业发展中心）

郭红艳（宝鸡市园艺技术工作站）

邓彦芳（千阳县果业发展中心）

魏生强（凤翔区果业技术推广中心）

李正雄（千阳县果业发展中心）

李红娟（宝鸡市园艺技术工作站）

李永焘（千阳县果业发展中心）

黄　瑞（宝鸡市园艺技术工作站）

韩新宇（宝鸡市园艺技术工作站）

肖　毅（宝鸡市园艺技术工作站）

戴小林（宝鸡市园艺技术工作站）

白　亮（千阳县果业发展中心）

序

PREFACE

近年来，千阳县把苹果产业作为富民强县和乡村振兴的首位产业，抢抓全省“3+X”特色产业战略机遇，坚持“品种引领、模式支撑、稳存提质、融合发展”的思路，抓住现代产业牛鼻子，走出了一条果业强、果农富、果乡美的发展之路。全县矮砧苹果13万亩、苗木基地3万亩，成为全国最大的矮砧苹果生产基地和苗木繁育基地。成立苹果产业协同创新中心和宝鸡苹果研究院，突破组培繁育“卡脖子”技术，填补国内早花早果、高产优质技术空白。探索形成“矮砧大苗、格架密植、水肥一体、轻简作务”为核心的苹果技术规范体，实现省水60%、省肥70%、省土地80%、省人工90%及高产、优质的“四省一优一高”栽培目标，创造了“当年栽植见花、次年挂果见效、三年丰产收益”的现代苹果生产新纪录。组建千阳苹果“田间大学”，坚持定向培养、科学评定、精准管理，推动果农转技工、技工变骨干、骨干成专家，培养苹果师傅221名、职业果农560人，赴全国各地开展技术服务1000多人次，千阳模式，推向全国。“田间大学”成为首批全国新型职业农民培训示范基地。千阳县先后荣获中国矮砧苹果之乡、国家矮砧苹果综合标准化示范区、苹果现代化种植技术示范基地、全国果园机械化示范基地和全国现代苹果产业十强县等荣誉。

在新形势下，千阳县站在我国现代苹果产业发展的制高点，及时跟进果业高质量发展新理念，不断创新现代果业新技术，适时打造懂技术、会经营、善管理的一批高素质新农人。在高素质农民培育项目的支撑下，组织专家教授及专业技术人员，总结千阳苹果产业近10年来的生产实践及栽培技术，编写《矮砧苹果高质高效管理技术手册》一书。该书根据月份、节气变化、气候特点、物候期规律，从沃土养根、绿色防控、树形培养、花果管理、贮藏销售、无袋栽培等方面提出了全年每一个月的果园农事、管理重点及技术要点。全书结构布局合理，文字表述清楚、言简意赅、通俗易懂，技术可操作性强、简单易行，可为培育高素质农民、广大苹果生产者及农技人员提供有益指导。同时，本书率先总结我国自根砧苹果栽培技术，不仅对当前，更是对今后现代苹果产业标准化生产及高质量发展具有借鉴作用。

胡文志

2022 年 10 月

目录

CONTENTS

1

1 月份矮砧苹果园管理技术要点

月　　份　1 月。

节　　气　小寒、大寒。

小寒，二十四节气之二十三，降温频繁，天气渐寒。

大寒，二十四节气之二十四，寒冷至极、天寒地冻。

气候特点　天气寒冷。

苹果物候期　休眠期。

果园农事　冬季修剪，病虫防治，鼠兔防御，彻底清园。

管理重点　1 月苹果叶片全部脱落，树液流动停止，树体营养下流至根系，贮存在枝干中的水分和养分较少，修剪比较适宜，避免养分浪费。尤其对生长势较弱树的修剪，可提前愈合剪锯口，有利于来年生长。苹果园管理的重点是冬季修剪。

一、冬季修剪

1 月份的修剪，适合生长较弱的品种及大年树，如蜜脆、短枝富士、嘎啦、华硕等，通过修剪，既起到整形作用，又促进开春后树体生长；对于生长较旺的品种及小年树，如长富 2 号、玉华富士等品种不适宜在此期修剪，修剪会增强生长势，但若劳动力不足，修剪工较少，果园规模较大，也可在此期修剪。

（一）树形选择

矮砧苹果，尤其矮化自根砧苹果，每 667m^2 栽植在 111 株以上的果园，适合培养高纺锤树形。其优点是树形简单、成形快，适于宽行密植栽培；树冠紧凑、成花容易、结果能力强，早果丰产性能好，养分消耗少，树势易控制；管理方便，便于机械化作务，节省劳力，可以规模化发展，集约化管理；通风透光好，产量高、质量好。缺点是树体寿命短，建园时须设立架及滴灌设施，成本较高；一旦管理粗放，水肥不足，易造成树体早衰；一般 15 年之后就会进入衰老期，相对乔砧结果期短。

（二）树体结构

高纺锤树形的树体结构分为两部分，一是中心干；二是中心干上的所有主枝。中心干是高纺锤树形唯一的永久性骨干枝，中心干上的所有主枝作为结果枝组培养。最终树高 3.2m，树冠 0.8 ~ 1.2m，中心干上着生小主枝 40 ~ 50 个，插空排列，螺旋上升，下垂生长，长度 0.6 ~ 0.8m，基角 100° ~ 120°；盛果期中心干与同部位小主枝粗度比 5 ~ 6 ：1，小主枝基部直径≤ 2.0cm；全树修长，树冠上下略小，中部略凸，呈高纺锤形，枝量充沛，结果能力强，无大主枝，光照充足，光能利用率高。

（三）修剪原则

按照“五去五留”的原则进行修剪，即：去粗留细，去大留小，去长留短，去低留高，去密留稀。

（四）修剪要求

成龄树每 667m^2 留枝量 6 万 ~ 8 万条，长、中、短枝比例 1 ∶ 3 ∶ 6，叶面积系数 2.5 ~ 3.0，枝果比 3 ∶ 1，叶果比 20 ~ 30 ∶ 1，花芽和叶芽比 1 ∶ 3，每 667m^2 留果量 1.5 ~ 2.0 万个，果园覆盖率 70％，行间作业道宽幅 1.5 ~ 2m，盛果期每 667m^2 产量 3000 ~ 4000kg。

（五）修剪手法

1.疏除

即从枝条基部剪除。疏除对象为中心干上较大的小主枝及枝头竞争枝、轮生枝、对生枝、重叠枝、交叉枝、背上枝、直立枝等。通过疏除减少枝量，改善通风透光条件，提高叶片光合效能，增加养分积累，利于花芽形成和开花坐果。

2.回缩

即剪掉多年生枝条的一部分枝段。回缩对象为复壮的枝条和方向摆布不合理的枝条。通过回缩，调整枝条角度和方位，复壮结果能力，控制树冠大小，改善通风透光条件，充实内膛枝条，延长结果年限，提高坐果率。

3.缓放

即枝条保留不剪。缓放对象是生长势偏旺需要成花的枝条。通过缓放可缓和枝条生长势，加快树干和枝条增粗，增加营养物质积累，促进成花结果。

4.短截

即剪去 1 年生枝条的一部分，可分为轻短截、中短截、重短截、极重短截。轻短截指剪去枝条长度的 1/5 ～ 1/4，剪口下可发出 1 ～ 2 个新梢，秋梢饱满芽可萌发较多的中短枝，春梢饱满芽多不萌发，易形成光秃带，但可缓和枝势，利于成花。中短截指剪去枝条长度的 1/3 ～ 1/2，剪口下发出旺梢，生长势加强，利于扩冠。重短截指剪去枝条长度的 2/3 ～ 3/4，主要用于弱树、老树及老弱枝的复壮更新。极重短截，在枝条基部留 2 ～ 3 个芽进行剪截，短截后常萌发 1 ～ 3 个短、中枝。

（六）修剪技术

1.1 年生树的修剪

1 年生树的特点是枝量少、树冠小、树头不高，修剪原则是轻剪长放多留枝，修剪手法是以缓为主、适当疏除，修剪目的是促进生长、扩大树冠、增加枝量、成花结果。花是缓出来的，枝是剪出来的，要多缓少剪。对中心干延长头缓放不剪，保持强旺长势；主枝延长头也缓放不剪，促势成花；疏除主干上距地面 80cm 以下的分生枝，抬高主干；用斜剪法留 2 ～ 3cm 短桩剪除中心干上超过同部位枝干粗度 2/3 的分生枝，促进中心干生长势。剪口涂抹封剪油或质量好的愈合剂保护。

2.2 年生树的修剪

2 年生树的特点是全树枝量、树冠及树高均比一年生大有增加，且有部分花果，但还不能达到目标树形，需继续生长，增加枝量，扩大树冠，促进成花，修剪原则仍是轻剪长放多留枝，修剪手法要以缓为主、缓疏结合。对中心干延长头及中心干上分枝的延长头继续缓放；对分枝超过同部位中干粗度 1/2 的枝，留 3 ～ 4cm 短桩用斜剪法疏除；分枝角度小且不便拉开基角的枝条从基部疏除；对易成花品种，如嘎啦、蜜脆等，对小主枝上的背上枝、直立枝、过密枝等留 1 ～ 2cm 短桩剪截。剪口涂抹封剪油或质量好的愈合剂保护。

3.3年生树的修剪

3年生树的特点是对于生长较快的长枝富士及水肥管理好的树，基本上达到了标准树形，树高3.2m，树冠1.2 ~ 1.5m，全树小主枝数量30多个，且有相当数量花芽，所以修剪还要以缓为主，缓放中心干及小主枝延长头，促进成花；对分枝超过同部位中干直径1/3的小主枝，留3 ~ 4cm平斜剪口的短桩疏除，培养强壮中心干；对生长势较弱的蜜脆及水肥管理较差的品种，在树高、树冠及枝量等方面还达不到标准要求，所以修剪时要多促少疏。对中干延长头及小主枝延长头缓放促花；对花芽过多及角度过大的分枝适当轻缩；个别分枝直径超过2.0cm的小主枝，留3 ~ 4cm平斜剪口的短桩回缩。剪锯口涂抹封剪油或质量好的愈合剂保护。

4.4年生树的修剪

4年生树的特点是树高、树冠、主枝均达到高纺锤树形要求，且有相当数量的花芽，修剪要分品种、依树势、看枝相。对长势旺不易成花的长枝富士等品种，要多缓适截，缓放中央领导干、小主枝延长头，促进多成花，多结果，对主枝上的背上枝、直立枝、偏旺枝仅留1 ~ 2cm短桩剪截，促发中短枝，促其成花；对蜜脆、嘎啦等易成花的的品种，对主枝延长头适当回缩，对中干延长头缓放。剪锯口涂抹封剪油或质量好的愈合剂保护。

5.5年生及以后树的修剪

5年生及以后树达到盛产期，成花量大，结果能力强，树形比较稳定。冬剪时除中心干作为永久枝不动外，其他主枝均作为临时枝对待，要逐年更新调整。始终控制主枝基部直径在2cm以内、结果枝在3 ~ 5年生以内，全树无大枝、无老枝、无过长枝，达到树老枝新，干粗枝细，树体通风透光，枝枝有效，叶叶见光，果果优质。具体修剪手法如下：

（1）控制树高

当树高超过行距的80%时，要根据不同树势采取不同方法落头。一是剪截落头。当树头枝已成花结果，如易成花的蜜脆、嘎啦等品种，待枝势转为缓和后，从一较弱枝处剪截，树高控制在 3.2m 以内。二是拉枝落头。对不易成花的长枝富士等品种，先把中心干延长头拉成下垂状，促其成花结果，待枝势缓和后，再从小枝处剪截落头。

（2）主枝更新

当主枝基部直径超过 2cm 时，进行主枝更新。通常采用两种更新方法：一是留桩回缩，从基部留桩 3 ～ 5cm 回缩，剪口平斜，当年剪口下会发出一个或数个新枝，在生长季节，选留其中一个位置和长势较好的枝条，通过拉枝、转枝等措施培养成新的下垂生长的主枝；二是刻芽促枝，对过大的主枝，周围空间较大，不要急于回缩到基部，先在主枝后部进行刻芽，促发新梢，冬季从新枝处剪截，利用新主枝代替老主枝，促其成花结果。

（3）缩剪控冠

生长势较旺的长枝富士等品种，当小主枝长度超过 100cm 以上时，根据长势和结果情况进行缩剪控冠。对生长旺盛，未大量结果，先不急于回缩，仍继续缓放，待其大量结果后，枝势转为缓和时，再从弱枝处缩剪，背下枝留头，控势效果好，控制主枝长度在 80cm 以内。

（4）回缩复壮

对蜜脆、嘎啦等生长势较弱、易成花、易早衰的品种，当主枝一旦结果后，生长势就会开始减弱，影响果实品质提升，应及时回缩延长头枝段，预留长度 60 ～ 80cm，促进枝条后部生长势，维持健壮树势。

（5）打开光路

对树冠内的背上枝、直立枝、徒长枝，周围有较大空间，可预留 1cm 短桩剪截；周围空间很小，可从基部疏除；对主枝延长头上的三叉枝、双叉枝预留一个作为延长头，其余可留 2cm 短桩剪截；大年树对过长过密过弱的结果枝，可回缩到中后部花芽处或相对较旺的分枝处，促进长势，继续成花结果。

（七）注意事项

1.及时涂抹剪锯口

对于剪锯口，要做到随剪（锯）随涂，常见较好的涂抹剂有果康保、甲硫萘乙酸、拂蓝克、高效愈合剂等，可有效防止水分散失，促进伤口愈合，预防腐烂病的发生。

2.疏剪切忌对口伤

疏除中干上对生的较粗大的小主枝时，切忌造成对口伤，不能同时疏除，要分年度逐个疏除或留桩疏除。

3.旺枝回缩需慎重

对长枝富士，当小主枝还未结果前，或结果量少，长势旺时，不急于回缩，以免造成后部枝长势更旺，冒条更多，影响光照和成花。要加大成花措施，促其多结果，待枝势稳定后再回缩。

4.慢落头稳提干

对树头太高的树，不要一次落头到位，要经2 ~ 3年逐步到位。对幼龄主干上较低的分枝，待其结果后，再分年度提干，利于稳定树势。在生产中，出现还未结果就一次性提干到位的做法，结果造成伤口多，容易诱发腐烂病，形成树势不均衡。

5.去大枝不超量

大年多动锯，小年多动剪。疏大枝时，要掌握好度，即每棵树每年疏除粗度超过2cm的大枝不超过3个；对个别光照差的树，疏大枝数量可适当多一些，但要注意树体平衡问题，即大枝去多小枝缓，小枝不缓没有产。

二、病虫防治

（一）刮治腐烂病

1月是苹果树腐烂病向纵深扩展危害的高峰期，应仔细检查，认真防治。一要刮治彻底，既要刮净病部组织，还要刮去周围0.5cm的健皮组织；二要刮口光滑，病疤边缘刀口要整齐平滑，中上部刮成立茬，下部刮成斜茬，利于伤口愈合；三要及时涂药，刮后病部及时涂抹果康保5 ~ 10倍液或甲硫萘乙酸原液或“拂蓝克”人工树皮原液，并向伤口周围的健皮多涂1 ~ 2cm，利于全面防治。

（二）防治梨圆蚧

梨圆蚧在冬季有群聚性的特性，主要是若虫集中在部分树体枝干上越冬，人工防治效果好。采用擦刷树干法，即用厨房用的钢丝球上下擦刷树干及大枝叉处，经过反复摩擦可杀死在树干上越冬的若虫，同时兼防在树皮中越冬的其他害虫。如果冬季不擦刷树干，待到春季虫体扩散后，喷药防治效果就差了。

（三）刮除老翘皮

树体主干、枝叉及粗老翘皮是病虫的越冬场所，在冬季要利用刮刀，认真刮除粗老翘病皮。刮皮时，在树干周围铺上铺垫物，将刮掉的树皮和越冬病虫收集，带出果园烧毁或深埋，消灭树皮中越冬的病菌虫卵。

（四）剪除病虫枝

结合冬剪，剪除干枯枝及病虫枝，减少腐烂病的发生率，减轻对来年的危害。

三、鼠兔防御

杂草丛生或生草果园，为鼠（兔）栖息提供了场所，鼠（兔）啃食果树根茎逐年加重。在冬季主要啃食近地面 15cm 内的主干树皮，轻者造成大小、深浅不等的粗糙伤口，引发病虫害，重者整株死亡。防治措施如下：

（一）根茎套管

在主干上捆扎塑料布或在根茎部套上一圈塑料管，高度 30cm 左右，防止啃食树皮。

（二）药剂涂干

用 5° Bé 石硫合剂或石灰乳涂刷树干；或收集家兔屎尿与黏土按 2 ∶ 1 的比例混匀，加入适量的水调成糊状进行涂抹树干；或用防啃剂、拒避剂等进行涂干，均有很好的趋避作用。

（三）毒饵诱杀

用萝卜、马铃薯块等配制毒饵，投放在果树根茎周围毒杀鼠兔。配制方法：选用萝卜、马铃薯块配制毒饵，需先将饵料晾晒至发蔫，然后按（药 ∶ 水 ∶ 饵料 = 1 ∶ 10 ∶ 100）的比例加入 0.5% 溴敌隆母液，充分搅拌均匀。

四、彻底清园

待树叶落尽后，清扫落叶，清除枯枝、杂草、病僵果及剪枝等杂物，集中烧毁或深埋，或带出园外，远离果园。清除落叶是防治苹果黑星病、落叶病的一项有效措施。

2

2 月份矮砧苹果园管理技术要点

月　　份　2 月。

节　　气　立春、雨水。

立春，二十四节气之首，春回大地，万物复苏。

雨水，二十四节气之二，雨水始降，乍暖还寒。

气候特点　气温始升。

苹果物候期　休眠期。

果园农事　结束冬剪，彻底清园，病虫防治，春管准备。

管理重点　2 月份果树仍处休眠期，果园管理是 1 月份的延续和完善，由于气温较 1 月份高，避免剪锯口低温冻害，减少腐烂病侵染机会，至 2 月下旬树液开始流动，适合旺树修剪。因此果园管理的重点是结束修剪和彻底清园，为促进果树正常萌芽打好基础。

一、结束冬剪

（一）修剪对象

此期适宜幼树、生长旺盛树及小年树的修剪，如长富 2 号、玉华早富、福布拉斯、玖月奇迹等品种。

（二）修剪时期

宜在 2 月下旬至 3 月上旬修剪，因树液开始流动，修剪可失去一部分水分和养分，起到抑长控势作用。

（三）修剪手法

1.幼旺树的修剪

按照轻剪长放多留枝的原则，尽量保留较多的枝条分散树体营养，要缓放中心干延长头及主枝延长头，但要疏除冠内背上枝、直立枝、徒长枝、病虫枝、过密枝及多头枝等，以防果园郁闭，保留 2 ~ 3cm 短桩疏除基部粗度达到同部位中心干粗度 1/2 的主枝，注意对主枝延长头不要轻易回缩，以防反弹。

2.结果旺树的修剪

对基部粗度达到 2cm 以上的主枝，保留 2 ~ 3cm 短桩疏除，全树疏除较大主枝量不超过 3 个；对长度大于株距的主枝，要通过判断，其上有相当数量花芽，可戴帽回缩或从下垂、小弱枝及花芽处回缩，如无花芽或花芽数量很少，仍继续缓放；对主枝上的分枝，除背上枝、徒长枝、直立枝疏除外，其余均可缓放；对树头的修剪，可从弱枝处剪留，如树头过高，要经 2 ~ 3 年落头到位，不可一次落头到位。修剪后，剪（锯）口要用“拂蓝克”或“高效愈合剂”等药剂涂抹保护。

二、彻底清园

春季清园可防治苹果黑星病、早期落叶病、炭疽叶枯病、白粉病、锈病、蚜虫、叶螨、金纹细蛾、卷叶蛾等病虫害，压低越冬基数，减少出蛰危害。清园须彻底，措施要到位。

（一）清理剪枝

对修剪过的落地枝条全面清理，集中起来，运出园外，远离果园，不可堆在果园四周。

（二）清扫落叶

对园内的落叶要彻底清扫，集中起来烧毁或深埋，深度达到 50cm 以上，清扫落叶越彻底，越有利于防治在落叶上的病虫害，尤其对控制黑星病和早期落叶病效果明显。

（三）清理杂物

包括杂草、病僵果、废旧果袋、农膜等，彻底清理出果园，确保全园干净整洁。

三、病虫防治

（一）腐烂病防治

1.刮治病疤

开春后，随气温回升，病疤开始扩大，危害逐渐加重。此时腐烂病已由树皮内向树皮外扩展，容易发现，应对 1 月份遗漏的或刮治不彻底的病疤，要逐树认真检查，仔细刮治，不放过每一个病疤，刮后涂抹 3% 甲基硫菌灵或烯唑醇涂剂等。

2.喷药防治

对腐烂病发生严重的果园，在刮治的基础上，要进行喷药防治，以防扩散蔓延。在发芽前全园喷施 43% 戊唑醇悬浮剂 1000 倍液，重点喷布主干及中心干部位。

（二）喷施清园药

果园喷施清园药，主要以石硫合剂为主，防治效果较好。石硫合剂一般有两种剂型，一种为商品石硫合剂，一种为自己熬制的石硫合剂，两种药剂均可喷施。

1.喷施时间

2 月底 3 月初，苹果树发芽前，全园喷施 5° Bé 石硫合剂，可防治蚜虫、介壳虫、红蜘蛛、白粉病等病虫。

2.熬制药液

自制的石硫合剂投资少，药效有保证，可适合大面积果园，可节约开支。按照生石灰：硫黄粉：水 =1 ：2 ：8 ~ 10 的比例熬制。熬制方法：①溶解。先把生石灰加入锅内，加少量水溶解，再加足量水，点火加温烧开，滤出渣滓。再把事先调制好的硫黄糊自锅边慢慢倒入，同时搅拌，记下水位线。②熬制。熬制时间自药液烧开后持续沸腾 50min 左右，前 20min 大火烧、猛沸腾，中间 15min 稳火烧、中沸腾，后 15min 慢火烧、小沸腾。当药液变为深红褐色、渣滓变为草绿色时停火。③保存。待药液冷却后过滤，除去渣滓，清液用铁桶、塑料桶、瓷桶装入，盖严桶盖，密闭保存。

3.果园喷施

用波美比重计测量原液浓度，按公式（加水倍数 = 原液浓度 / 使用液浓度－ 1）计算出稀释倍数。如果选用 45% 晶体石硫合剂，稀释 20 ~ 30 倍液喷施；如果选用 29% 水剂石硫合剂，稀释 45 倍液喷施。每 667m^2 喷施药水量盛果期果园达到 100kg 以上，足量喷施，洗淋树体，行间喷湿，全园不留死角。

四、春管准备

提早筹划，统筹安排，检修果园机械和设施，准备农药、化肥、农膜、果袋等物资；新建果园，做好立架设施及滴灌系统的购置及苗木调运等工作，为春季苹果生产打好基础。

3

3月份矮砧苹果园管理技术要点

月　　份	3月。
节　　气	惊蛰、春分。 惊蛰，二十四节气之三，春雷始鸣，惊醒蛰虫。 春分，二十四节气之四，气温回暖，阳光明媚。
气候特点	气候温和。
苹果物候期	萌芽期。
果园农事	追肥灌水、树盘覆盖、刻芽抹芽、拉枝整形、高接换优、花前复剪、病虫防治。
管理重点	3月份，随气温回升，苹果地下根系开始伸展，地上枝条也开始萌芽生长，多种病虫出蛰盛期，果园管理的重点是肥水管理及病虫害防治，为促进正常开花结果打好基础。

一、追肥灌水

3 月份，土壤解冻，土质疏松，随着根系伸展、枝条萌芽，需要补充肥水，增加营养，满足生长需要。根据春季果树需肥规律，施肥要以氮为主，氮磷结合，配施中微量营养元素肥料。

（一）土壤追肥

根据土壤墒情，萌芽前后需灌水 1 ~ 2 次，盛果期果园灌水 5 ~ 10m^3/（667m^2・次），下渗土层 30 ~ 40cm。结合灌水施入优质高氮型氮磷钾复合肥 50 ~ 75kg/667m^2 或硝酸铵钙肥 30 ~ 45kg/667m^2，或其他单质肥料，如尿素每 667m^2 果园 30kg 或尿素 10kg+ 磷酸一铵 15kg+ 硫酸钾 30kg。幼龄果园施肥量减半，采用条沟、环状沟等方法，把肥料施到树冠垂直投影处，施肥深度 10 ~ 20cm。

（二）滴灌施肥

萌芽前后根据土壤墒情滴灌施肥 2 次，每次每 667m^2 果园灌水量 5 ~ 10m^3，施入高氮型水溶肥（N-P-K=30-10-10）10kg+ 硝酸铵钙 10kg，或施入尿素 5kg+ 磷酸一铵 2kg+ 硝酸钾 4kg。

（三）叶面喷肥

萌芽前，全园喷施 2% ~ 3% 尿素水溶液 1 ~ 2 次，促进萌芽，提高坐果率，尤其对上年早起落叶的果园更重要。或喷施 1% ~ % 硫酸锌水溶液，主要用于缺锌果园。萌芽后喷施 0.3% 尿素水溶液 2 ~ 3 次，促进叶片转色，提高坐果率。或喷施 0.3% ~ 0.5% 的硫酸锌水溶液，对矫正小叶病效果明显。

二、树盘覆盖

1.覆草

果园覆草的适宜时期为春季 2 ～ 3 月土壤解冻后及时进行。覆盖材料因地制宜，可选用作物秸秆、麦秆、锯末、杂草等，对于高秆作物最好粉碎，效果更好。覆盖前要先整好树盘，浇 1 遍水，施 1 次速效氮肥，如尿素每 $667m^2$ 施 5kg 即可。将覆盖物铺在树盘，第一年，每 $667m^2$ 果园秸秆用量 1000 ～ 1500kg，以后每年作物秸秆用量 600 ～ 800kg，覆草厚度以常年保持在 15 ～ 20cm 为宜，覆盖一次 2 ～ 3 年有效，可起到培肥、保水、稳温、灭草、免耕、省工和防止土壤流失等作用。覆盖 3 ～ 4 年后可将秸秆翻入土壤，再进行下一轮覆盖。

2.覆盖地布

（具体见 4 月份矮砧苹果园管理技术要点）

三、刻芽抹芽

（一）刻芽

高纺锤树形，在幼树期间，为加快树高生长，对中心干延长头连年缓放，在中心干上会出现光秃带，影响树形培养。刻芽可促进光秃隐芽萌发，解决缺枝问题，增加枝量，加快树形培养，实现早果、丰产。

1.作用

通过刻芽可促进光秃带隐芽萌发和新梢生长，增加全树主枝量，促进幼树早成形、早结果、早丰产。

2.时间

在中心干上刻芽，需要萌发 30cm 以上长枝，宜在萌芽前 1 周至萌芽期刻芽，即 3 月上中旬进行。

3.方法

按照小主枝插空排列、螺旋上升的要求，在中心干上光秃部位隐芽上，每隔 3 ~ 5 芽，用钢锯条或小刀在芽上 0.3cm 处横刻一刀，形成半月牙形，深达木质部。

（二）抹芽

在发芽后，对于树体多余的萌芽或不需要长枝部位的萌芽，要在萌芽后及早进行抹芽处理，控制其生长。

1.作用

留优去劣，减少枝量，节约养分，增强光照，将无用的萌芽提前抹掉，减少营养消耗，提高工效。

2.时期

萌芽后至新梢旺长前，用手掰除无用的嫩芽或嫩梢。

3.对象

小主枝背上过多的萌芽，根据空间大小，可间隔选留几个偏斜的，其余抹除；剪锯口不可利用的萌芽、延长枝头上无用的萌芽等。

四、拉枝整形

拉枝是培养高纺锤树形的主要措施，也是促进成花结果的有效手段，自建园后至衰老期几乎每年都需要拉枝。

（一）拉枝对象

中心干上分生的主枝，长度大于 30cm，基角小于 90°，梢角向上生长的枝条均要拉枝。

（二）拉枝作用

一是调整枝条生长方向和角度，改善通风透光条件，增强光照；二是改变养分和水分的运输和分配方向，促进枝条上较多的芽体萌发，使其多成花，利于控树冠。

（三）拉枝方法

采用“一推二揉三压四固定”的方法拉枝，不要直接将枝条拉成下垂，而要一手将枝条基部和同部位的小主枝卡住，一手拿住枝条向上、向下、向左右摆动数次，使其基部柔软，再将枝条下压至所要求的角度和位置，用绳或拉枝器固定，使枝条基部至梢部直顺，不呈“弓”形。

（四）枝条角度

对生长势旺盛的长枝富士等品种，小主枝基角拉成 120°，枝条下垂生长；对生长势较弱的蜜脆及短枝型等品种，小主枝基角拉成 100°，枝条水平略下垂。

（五）枝条方向

不仅把枝条拉为下拉，还要利用周围的空间，调整枝条方向，上下部枝条插空排列，摆布合理，不重叠交叉，错落有致。

（六）固定部位

拉枝固定部位不宜在梢部，也不宜在基部，应在枝条的中部至顶端 1/3 处。若从梢段拉枝，易成弧形，萌发徒长枝；基部拉枝，枝条梢段易抬头。

（七）解除绳带

用拉枝器、布条带或塑料绳均可拉枝，拉枝器操作较快，节约人工；布条带或塑料绳操作较慢，需较多人工。绳带绑枝处留成活口，以防勒入树皮。拉枝后应定期检查，待树形固定后，及时解除绳带，以防缢伤树体，影响生长。

五、高接换优

近年来，在苹果生产中，对一些老旧、滞后品种，生产效益低下，可通过高接换优方式，更新品种。通常有 3 种高接换优技术，即“三供一主”高接换优、多头嫁接高接换优及主干嵌芽接高接换优。

（一）“三供一主”高接技术

“三供一主”高接技术是指把树体主干锯断，在横截面上插接 1 到数个接穗，待接穗发芽后选留 1 个生长势较旺的新梢向上生长，培养中心干，其余新梢插（靠）接在旺梢上，形成支脚，提供营养，加快生长。

1.选择品种

随着现代果业的发展及消费者观念的变化，苹果新优品种应具备“好吃、好看、好务”的特性，不仅市场受欢迎，还要生产效益高。当前综合性状比较好的早熟品种有红思尼克、巴克艾等，中熟品种有福九红、秦脆等，晚熟品种有瑞香红、瑞雪、维拉斯黄金、爱妃等，这些品种均可作为高接换优的新品种。

2.选用接穗

接穗要求新鲜无失水皱皮，无病虫危害，无萌动发芽，且芽体饱满，成熟度好，每根接穗上具 10 个以上饱满芽，上端直径≥ 0.6cm，下端直径≤ 1.2cm，倾斜度≤ 15°。

3.高接对象

对品种混杂、滞后、着色差、效益低、病虫害严重及荒芜的果园均需要进行高接换优。

4.高接适期

“三供一主”高接换优采用的嫁接技术主要为插皮接法，速度快，成活率高，节约人工，但需要在春季树干离皮后及时进行，一般最适宜期在 3 月下旬至 4 月上旬。

5.高接技术

（1）砧株处理

先疏除砧株上的分枝，再距地面 20 ～ 60cm 处水平锯断中心干，树龄越大，距地面越低；树龄越小，距地面越高；主干上有腐烂病疤，要在病疤下部锯断，干枝带出园外，不影响嫁接操作。

（2）削平截面

插接前，用锋利刀片削平主干截面皮层毛茬，保持嫁接部位光滑，利于伤口愈合。

（3）削制接穗

嫁接时，将接穗下端削成 3 ～ 5cm 长的大斜面，在大斜面背面削成1cm长的小斜面，呈箭头状。再分别剪成10 ~ 15cm的短枝段和20 ~ 30cm的长接段。

（4）纵向切口

在砧株横截面光滑处沿皮层纵向切口，切透皮层，切口长度略小于或等于接穗大削面长度，深达木质部。

（5）接穗插入

将接穗大削面沿切口上端皮层下、紧贴木质部，向下插入皮层，插入后，上端削面露白0.5cm。

（6）插接数量

砧株截面直径小于3cm，可插接1根接穗；截面直径4 ~ 5cm，可插接2根接穗（对插，1根短接穗，1根长接穗）；截面直径6 ~ 10cm，可插接3根接穗（三角插，1根长接穗，2根短接穗）；截面直径大于10cm以上，可插接4根接穗（两两对插，1根长接穗，3根短接穗）。

（7）包扎切口

接穗插入后，断面用塑料薄膜盖严，四周用塑料条缠绕，扎紧包严切口，防止水分散失及雨水和其他病虫侵入。

（8）接穗套膜

为了促进接穗早萌发，提高成活率，可用塑膜筒或塑膜袋套住接穗，保持水分。如果有晚霜区域，芽子提前萌发有晚霜冻害风险，可不需要套塑膜筒或塑膜袋。

6.嫁接后管理

（1）及时灌水

嫁接后，遇到天气干旱，土壤墒情欠缺，影响萌芽，就要及时灌水，促进成活。

（2）检查成活

嫁接后1周时间，全园检查一次成活率，发现干枯死亡的接穗，需及时进行补接。

（3）抹芽除萌

待萌芽后，及时抹除砧株上的所有萌芽，促进接穗萌芽生长。

（4）适时去袋

待接穗萌芽后，叶片展开，先戳破塑膜袋小孔放风锻炼，随嫩叶生长，逐渐增大放风孔，5 ~ 7d 后去掉塑膜袋。千万不要过急去除膜袋，以免遇到高温天气，灼伤嫩芽嫩叶，影响成活率。

（5）新梢处理

待接穗长出新梢，对长接穗新梢或生长旺盛的新梢任其生长，短接穗新梢长到 30cm 左右，从 15cm 处短截，促发二次枝，并各留 1 个二次枝让其生长，其他全部疏除。

（6）绑扶枝干

当新梢长到 20 ~ 30cm 时，需设立支柱，将新梢与支柱绑扎，以防大风吹折新梢。

（7）松解包扎

在新梢背干后，用锋利刀片，划开接穗上的包扎膜，以防勒入树皮内，但不能解除。到 7 月以后，等长出大量愈伤组织，使接穗愈合更加牢固后，可完全解除包扎膜。

（8）支脚腹接

在8月份，要留1个生长旺盛的新梢培育主心干，其他接穗发出的二次枝及时腹接在长接穗发出的新枝干上，用塑膜条扎紧接口，形成支脚，稳定树冠，落叶前根据愈合情况解除包扎膜。

（9）拉枝整形

当中心干上发出的二次枝生长到15 ~ 20cm时，可用两头尖的牙签撑开基角成为90°，待到8月下旬至9月上旬时全部拉为下垂。或者，当中心干上发出的二次枝生长到30cm时通过基部转枝技术，使其下垂生长，促进成花，为来年结果打好基础。

（10）病虫防治

高接树当年，容易受到锈病、蚜虫、毛虫及大青叶蝉等病虫危害，应定期喷施三唑类、菊酯类等农药防治。同时，对嫁接树的主干，由于枝叶量少，裸露暴晒，遇到高温天气时树皮容易晒伤，可喷（涂）涂白剂保护。

（11）行间间套

对高接果园，可充分利用较宽的行间，套种豆类、药材及蔬菜等低秆作物，增加收入。对未套种的果园，行间及株间杂草定期割草或耕翻，控制生长，防止荒芜，影响嫁接树的生长。

（二）多头高接换优技术

对原株主枝多、分布均匀、无光秃部位的植株，且果园面积不大，劳力充足，接穗较多，可采用多头高接技术，需要在春季树干离皮后及时进行，一般最适宜期在3月下旬至4月上旬。

1.砧株处理

嫁接前，将原株中心干上的小主枝及中心干延长头全部从基部留10cm桩剪截。

2.削制接穗

将接穗下端削成3 ~ 5cm长的大斜面，大斜面背面削成1cm的小斜面，呈箭头状，剪成10 ~ 15cm长的枝段。

3.纵向切口

在砧枝横截面上部皮层纵向切口，切口长度小于或等于接穗大削面，深达木质部。

4.接穗插入

将接穗削面沿切口上端枝皮下、紧贴木质部，插入皮层内，插入后削面露白 0.5cm。

5.包扎切口

接穗插好后，嫁接口断面及四周用塑料条缠绕，扎紧包严切口，防止水分散失及雨水和其他病虫侵入。

6.接穗套膜

用塑膜筒或塑膜袋套住接穗，保持水分，促进成活。对易出现晚霜区域，芽子提前萌发有冻害风险，可不需要套塑膜筒或塑膜袋。

7.嫁接后管理

（1）接后灌水

高接后遇到天气干旱，土壤墒情欠缺，就要及时灌水，促进成活。

（2）检查成活

嫁接后 1 周时间，全园检查一次成活率，发现干枯死亡的接穗，及时补接。

（3）抹芽除萌

待萌芽后，及时抹除砧株上的所有萌芽，促进接穗萌发生长。

（4）转枝下垂

发芽后每个接穗上可萌发 1 ~ 3 个新梢，要全部保留，增加枝量。当新梢长至 30cm 时，从基部扭转 90°，使其下垂生长，控势促花。

（5）绑枝背干

待新梢转枝下垂后，及时将新梢固定在立架上，以防夏秋季大风吹折新梢，造成危害。

（6）松绑防勒

新梢背干后，用利刀将缠绕在新梢基部的绑扎膜划开松绑，防止勒入皮层，待 7 月份愈伤组织更加牢固时解除绑扎膜。

（7）病虫防治

高接树当年，容易受到锈病、蚜虫、毛虫及大青叶蝉等病虫危害，应喷施 3 ~ 5 次三唑类、菊酯类等农药防治。

（8）杂草控制

对行间杂草进行耕翻或割草，对株间杂草进行浅锄，控制全园杂草生长。

（三）嵌芽接高接换优

此嫁接方法的优点是节约接穗、劳力，且当年 8 月嫁接，第二年春季可提早萌芽，当年枝叶生长量大，易成形，早丰产。

1.嫁接时间

每年的 8 月上旬至 8 月下旬。

2.母株要求

主要对 1 ～ 3 年生的幼龄果树，主干相对较细，嫁接成活率高。

3.嫁接技术

（1）采集接穗

最好在品种圃中采集接穗，要求芽体饱满、生长充实、无病虫害、无失水皱皮，品种纯正，每 50 个一捆，剪掉叶片，挂上标签，注明品种。若嫁接时期短，可将接穗下部插入水中，放在阴凉处保管。若嫁接时期长，要将接穗在冷库中保鲜，随嫁接随出库。

（2）嫁接部位

在主干上 50 ～ 60cm 处光滑部位嫁接。

（3）嫁接方法

切削芽片时，自上而下切取，在芽的上部 1 ～ 1.5cm 处稍带木质部往下切一刀，再在芽的下部 1.5cm 处横向斜切一刀，即可取下芽片，一般芽片长 2 ～ 3cm，宽度不等，依接穗粗度而定。砧木的切法是在选好的光滑部位自上向下稍带木质部削一与芽片长宽均相等的切面，将此切开的稍带木质部的树皮上部切去，下部留有 0.5cm 左右。接着将芽片插入切口使两边或一边形成层对齐，再将留下部分贴到芽片上，用塑料带绑扎好即可，但芽体露在外面。当年接芽不萌发，不需去掉绑扎塑膜。

4.嫁接后管理

（1）去除母株

第二年春季萌芽前，在嫁接部位上部 3 ～ 5cm 处，水平锯掉树干，横截面涂抹封剪油或质量好的愈合剂保护。

（2）及时抹芽

去除嫁接部位以上的枝干后，会在下部主干上萌发较多的萌芽，待萌芽后及时抹除主干上的所有萌芽，促进嫁接芽萌发。

（3）及时背干

当嫁接芽生长至20cm以上时，设立支柱，及时进行背干，以防大风吹折新梢。

（4）解除绑扎膜

新梢背干后，可解除绑扎膜。

（5）病虫防治

高接树当年，容易受到锈病、蚜虫、毛虫及大青叶蝉等病虫危害，应喷施3～5次三唑类、菊酯类等农药防治。

（6）杂草控制

对行间杂草进行耕翻或割草，对株间杂草进行浅锄，或者使用除草剂，控制全园杂草生长。

（7）拉枝整形

当中心干上发出的二次枝生长到15～20cm时，可用两头尖的牙签撑开基角成为90°，待到8月下旬至9月上旬时全部拉为下垂。或者，当中心干上发出的二次枝生长到30cm时通过基部转枝技术，使其下垂生长，促进成花，为来年结果打好基础。

六、花前复剪

花前复剪是调节花量多少的一项主要技术措施，应从苹果花芽膨大开始至花序分离期结束。

（一）花量大的树复剪

多疏腋花芽，多截中、长果枝，多留短果枝。对初挂果树，应疏除主枝延长枝头上的顶花芽。对盛果期的串花枝在饱花芽处短截。对花芽多的弱树，要“破花修剪”，多疏弱花枝，多留壮枝饱芽。对旺树，应缓放、轻剪、多留花芽。对衰弱的结果枝应重回缩，促发新枝。

（二）花量少的树复剪

多留花芽，对中长果枝不要破头，对有花芽的重叠枝、内向枝等，可尽量多留。对中长营养枝和无花的果台副梢，应重剪，促发中短枝，使来年成花。对无花芽的结果枝组，特别是连年长放枝，应多回缩，以免来年花量多。对主枝两侧的大叶芽枝，要破顶。对下垂的大叶芽枝，要缓放。对衰弱无花单轴延伸枝，可回缩至后边的强壮分枝处；对有花芽的单轴延长枝，要适当回缩保留部分花芽。

（三）花量适中树复剪

修剪量不宜过大。强壮的串花枝留 3 ～ 4 个花芽、中庸花枝留 2 ～ 3 个花芽、弱花枝留 1 ～ 2 个花芽回缩。对腋花芽可不留花芽短截。对膛内枝，要密者疏、稀者留。细弱花枝可重短截，促发新枝。对因拉、扭、拧等，已下垂的老枝和细长弱枝，应适当疏除或回缩，以便复壮更新。

（四）不同树龄树复剪

对盛果期大树，若花芽较少，可全部保留，只疏除无花的长枝；若花芽较多，要疏除弱枝弱花及腋花，多留壮枝饱花及顶花。对初结果旺树，应多留花芽结果。对树势衰弱花芽过多的小老树，应全部疏除弱花，保留旺花，以恢复树势。

七、病虫防治

（一）喷药防治

3 月上旬，对在 2 月份未喷清园药的果园，及时喷施 3 ～ 5° Bé 石硫合剂，防治越冬病菌虫卵。在花芽露红期，约 3 月中下旬，果园喷施杀虫杀菌剂 1 次，可选用 40% 毒死蜱乳油 800 倍液 +40% 氟硅唑乳油 5000 倍液，或选用同类其他药剂喷施，主要防治黑星病、白粉病、蚜虫等病虫害。

（二）防治腐烂病

继续检查刮治腐烂病，全园不漏一树，不留一疤，做到全部刮治。对根颈部有萌蘖的果树，可利用萌蘖进行桥接，防治树干上的腐烂病。

（三）彻底清园

继续清园，彻底清理落叶、枯枝、杂草等杂物，保持果园清洁整齐。

（四）杂草控制

对行间杂草，通过耕翻或割草控制，株间杂草浅锄控制。或使用化学除草剂控草，在杂草出土前，每 667m^2 果园喷施二甲戊灵乳油 150 ～ 200mL，兑水 15 ～ 30kg，进行土壤处理。

4

4 月份矮砧苹果园管理技术要点

月　　份　4 月。

节　　气　清明、谷雨。

清明，二十四节气之五，气温转暖，欣欣向荣。

谷雨，二十四节气之六，气温升高，雨量增多。

气候特点　气温回升。

苹果物候期　开花期。

果园农事　疏花保花，病虫防治，肥水管理，新栽建园，挖改重建。

管理重点　4 月份，气温明显回升，苹果树到了开花期，气候也到了多变期，易出现霜冻及沙尘暴、阴雨、低温等不良天气，严重威胁苹果开花坐果。根据物候期变化，这个时期苹果园管理有两个重点，一是新栽建园，二是花期管理，尤其花期管理非常重要，是决定全年苹果丰产稳产的基础。

一、疏花保花

（一）疏花措施

1.人工疏花

（1）疏花序

对管理水平高、花期天气好、品种坐果可靠、有足够授粉条件的果园，可在3月下旬至4月上旬花序露红至开花期，按距离疏留花序。富士等大果形品种按20 ~ 25cm留一整朵花序，嘎啦等中小果形品种按15 ~ 20cm留一整朵花序，其余花序全部疏除。

（2）疏花朵

每个好花序一般有5朵及以上花，要在疏序后及时疏朵，每序留2 ~ 3朵，其中一个为中心花，其余全部疏除。

（3）注意事项

选留先开的顶花芽的花，疏除后开的腋花芽的花；选留中短果枝上的花，疏除长果枝的花；疏除背上枝及背下枝上的花，选留两侧枝上的花；疏除小、弱、病花，选留大、旺、好花。如果气候不稳，花期前后易出现霜冻、沙尘暴、大风、阴雨等不良天气，可延迟疏花。

2.化学疏花

化学疏花是在花期喷洒化学疏花剂，使一部分花不能结实而脱落的方法。

（1）喷施药剂及浓度

人工熬制的石硫合剂喷施浓度为 0.5 ～ 1° Bé 或商品 45% 晶体石硫合剂喷施浓度为 150 ～ 200 倍液，有机钙制剂喷施浓度为 150 ～ 200 倍液，橄榄油或花生油喷施浓度为 30 ～ 50g/L，智优疏花剂 80g 兑水 15kg 喷雾。

（2）喷施时间

苹果中心花 75% ～ 80% 开放时喷布第 1 遍，整株树 75% 花开放时喷布第 2 遍，共喷 2 遍。

（3）喷施方法

选用雾化性能好的喷雾器，重点对花器均匀细致喷雾，背负式喷雾器每 667m^2 喷施药液量 75 ～ 100kg。

（4）注意事项

应用化学疏花剂疏花时，不要操之过急，先进行小面积实验，待成功后可大面积喷施。在喷施时要根据不同品种、不同树势、不同天气、不同开花期把握好喷施最佳时间及药剂浓度。

（二）保花措施

近年来，苹果开花至幼果期，频发霜冻、沙尘暴及冰雹等不良天气，严重威胁开花坐果。开展保花保果尤为重要，技术措施如下：

1.花前浇水

萌芽后至开花前，全园浇水 2 ~ 3 次，每 667m^2 灌水量 3 ~ 5m^3，推迟开花 2 ~ 3d，减轻花期霜冻风险。

2.增施肥料

萌芽后，果园追施速效性氮肥及磷肥，增加营养，增强抗性。开花前后，树体喷布芸苔素内酯、天达 2116、氨基酸、硼肥、氮肥等，补充营养，促进花器发育，提高坐果率。

3.防治病虫

花序分离期至落花末期各喷布 1 次多抗霉素、异菌脲、苯醚甲环唑及农抗 120 等杀菌剂，防治黑星病、花腐病、霉心病等病害，在花期挂设糖醋液诱杀金龟子。

4.花期授粉

在中心花瓣开放当前和第二天授粉，每天上午 9 时至下午 4 时为宜。

（1）人工点授

先采集或购买花粉，妥善保管。在花粉中加入 5 ~ 8 倍的滑石粉，装在干燥的小瓶内，拿毛笔蘸花粉，点抹在花朵柱头上。每蘸一次花粉可点授 3 ~ 5 朵花，以中心花为主。

（2）喷粉授粉

1 份花粉加 100 份滑石粉混合均匀，用喷粉器授粉，在盛花期喷 2 次效果最佳，但喷粉后遇雨需要补喷。

（3）液体授粉

在初花期和盛花期各喷布 1 次花粉悬浮液（水 10kg+ 花粉 10 ~ 20g）或营养液（水 100kg+ 硼砂 0.3kg+ 蜂蜜或蔗糖 1kg+ 尿素 0.1kg+ 花粉 100g）。

（4）放蜂授粉

按照蜜蜂 5×667m^2/ 箱或壁蜂 100 ~ 150 头 /667m^2 的要求，在每行两端摆放蜂箱，距离地面 20cm，箱口向南，在开花期放蜂授粉。

5.熏烟防冻

提前在果园四周和行间每隔 20 ～ 30m 堆放树叶、柴禾、锯末等可燃物，在发生霜冻的午夜 12 时点燃熏烟至凌晨，增温防霜，降低和缓解冻害的发生程度。

6.架设防雹

在有防雹网设施的果园，在开花前安装防雹网，可有效预防霜冻及冰雹灾害。

二、病虫防治

4 月是病虫害防治的关键期，要以化学防治为重点，共喷布农药 3 次，主要防治黑星病、霉心病及蚜虫等病虫害。

（一）花前喷药

在花序分离期喷施 10% 多抗霉素可湿性粉剂 1000 倍液、10% 苯醚甲环唑水分散粒剂 1500 倍液、0.3% 硼砂、0.5% 硫酸锌、钙肥、芸苔素内酯等药肥。

（二）落花期喷药

在落花末期喷施 50% 异菌脲可湿性粉剂 1000 倍液、20% 吡唑醚菌酯悬浮剂 2000 倍液、70% 吡虫啉水分散粒剂 4000 倍液、硼肥、锌肥、钙肥及芸苔素内酯等药肥。

（三）花后喷药

在落叶后 1 周喷施 50% 克菌丹可湿性粉剂 500 倍液、62.25% 锰锌·腈菌唑可湿性粉剂 500 倍液、22% 噻虫高氯氟悬浮剂 2000 倍液及钙肥等药肥。

三、肥水管理

在 3 月份未施肥的果园，4 月份需要补施肥料。

（一）土施肥料

（具体技术措施见 3 月份相关内容）

（二）滴灌施肥

1. 花前滴灌施肥

开花期滴灌施肥 1 次，盛果期果园每 $667m^2$ 施尿素 10kg、磷酸一铵

3kg、硝酸钾 8kg，或施高氮型大量元素水溶肥 10kg，适当配施中微量元素水溶肥。幼龄果园施肥量减半。

2. *花期滴灌施肥*

花期滴灌施肥 1 次，盛果期果园每 667m^2 施尿素 7kg、磷酸一铵 3kg、硝酸钾 7kg，或施大量元素水溶肥 10kg，适当配施中微量元素水溶肥。幼龄果园施肥量减半。

（三）叶面喷肥

在开花期叶面喷施 0.3% ～ 0.4% 硼砂（或硼酸）2 次，提高坐果率。

四、新栽建园

苹果栽植建园最适宜期应该在苹果开花期，也就是 4 月的上中旬，因为这个时候，气温、地温已经回升，苗木栽植后，缓苗期短，发芽快，有利于提高成活率。

（一）选择优生区域

1.优越的气候条件

建矮化自根砧苹果园，首先，须具备充足的水源条件，要能满足果园灌溉需求，尤其在干旱之年也要保证水源。其次，要土层深厚、土壤肥沃、地势平整（或小于15°的缓坡地），土层深度在1m以上，土壤有机质含量不少于0.8%，海拔在1300m以下，土壤pH值在6.5 ~ 8.0之间，地下水位在1m以下，年极端最低温度不能低于–25℃，年平均温度在8.5 ~ 14℃之间，无霜期在170d以上，非冰雹带，符合优质苹果生产的7项气象指标。

2.绿色的环境条件

苹果园地选择在生态条件良好，远离污染源，且有可持续生产能力的农业生产区域。空气清新、水质纯净、土壤未受污染，远离工矿企业，灌溉水中不含有汞、铅、铬、镉、氰化物、氟化物等重金属和有毒有害物质，土壤无重金属和农药污染；同时，要采取一定的措施保护好环境，使苹果产地长期符合《无公害苹果产地环境条件》（NY5013—2001）、《绿色果品产地环境条件》（NY/T391—2000）的要求。

3.适度的建园规模

按照现代农业发展的新要求，现代果业要向“专业大户、家庭农场、合作组织、龙头企业”等主体发展。为便于果品基地实行集约化经营、标准化生产、机械化作务、品牌化销售，新栽果园要相对集中连片，具有一定规模，且建在交通便利的区域。根据不同的建园主体，农户建园规模宜为10亩（1亩≈667m^2，下同）左右，家庭农场和合作社宜为30 ~ 100亩，企业宜为100 ~ 500亩。

（二）设立架

建自根砧果园，因苗木根系浅、固地性差、易倒伏，须设立架。在苗木栽植前，进行园地整理、立架规划、架材准备及架设搭建等环节。

1.园地整理

清理园内作物秸秆、枯枝杂草及废旧农膜等杂物，保持园地整洁；对有小土堺的地块，要推平土堺，连成大块，便于机械作业。整理完后，全园深翻，深度 30cm 以上，结合深翻，耙平园面。

2.立架规划

园地整理后，进行立架规划，确定水泥柱的行向和间距。水泥柱行向与果树的行向保持一致，一般长方形地块，将长边作为行向，利于管理；正方形的地块，以南北向作为行向，利于通风透光；缓坡地块，以等高线作为行向。水泥柱的行间距一般为 10 ~ 12m×3.5 ~ 4m，即柱间距 10 ~ 12m，柱行距 3.5 ~ 4m。

3.架材准备

（1）架材数量

根据水泥柱行间距确定架材数量，一般每 667m^2 果园需水泥柱

13 ～ 25 根，钢丝 25 ～ 30kg，玻璃纤维杆或竹竿 139 ～ 190 根 /667m^2，抱箍 8 ～ 14 个，地锚石 4 个，拉杆 4 个，钢绞线 8 ～ 14 根。

（2）架材质量

①立柱参数。

行内柱参考尺寸：长度 4.0m，截面尺寸 7cm × 8cm 或 8cm × 10cm；内含 4 组 / 根钢绞线（冷拔钢丝）。边柱参考尺寸：长度 5.0m，截面尺寸 9cm × 9.5cm 或 8cm × 12cm，内含 6 组 / 根钢绞线（冷拔钢丝）。

安装位置	材质	参数	抗断裂拉力
行内柱	混凝土 + 钢绞线 / 冷拔钢丝	水泥标号不低于 42.5#，混凝土强度不低于 C40；含有 4 组 3mm × 2.25mm 钢绞线或 6mm × 4mm 冷拔钢丝	≥ 500N
边柱	混凝土 + 钢绞线 / 冷拔钢丝	水泥标号不低于 42.5#，混凝土强度不低于 C40；含有 6 组 3mm × 2.25mm 钢绞线或 6mm × 4mm 冷拔钢丝	≥ 1400N

②地锚系统参数。

地锚系统	规格
地锚石	混凝土内嵌钢筋预制块（规格厚度 25cm × 宽度 30cm × 长度 60cm）
地锚拉柱	镀锌材质，长 1.8m，钢筋直径 1.6cm，钢筋接头双面焊接
地锚拉线	镀锌钢绞线，7mm × 1.6mm，表面含锌量≥ 160g/m^2，破断拉力＞ 5t
注：地锚系统强度必须承受大于五 t 的力，即在五 t 拉力情况下地锚不能被拉出，且地锚系统的配件不得损坏	

③钢丝参数。

55# 钢硬线（含碳量 0.55%），直径为 2.4mm，抗拉强度≥ 1370MPa（兆帕），表面含锌量大于 200g/m^2。

④玻璃纤维杆参数。

直径 6 ～ 8mm，长度一般为 3m，质量标准达到国标规定。

⑤竹竿参数。

高度 3.5 ～ 4m，基部直径 1.5cm 左右，实竹，端直，无病虫危害。

⑥其他材料。

水泥柱固定卡，使用 φ2.5 镀锌钢丝或 12# 镀锌铁丝，用于水泥柱与钢丝间固定。

4.立架系统安装

安装顺序：规划放线→打坑→栽水泥柱→挖地锚坑→安装地锚系统→架设钢丝→安装玻璃纤维杆或竹竿。

（1）规划放线

立柱在行长方向间距 10 ～ 12m，在行宽方向间距 3.5 ～ 4m，行长方向与行宽方向用白灰打成直线，交叉点为栽植点。

（2）打坑

用地钻正对栽植点打坑，钻头直径要大于水泥柱的直径，一般为 150 ～ 200mm，打坑深度 80 ～ 120cm。

（3）栽水泥柱

用刨勺取出坑底土，然后铲平坑边土。人工或吊车将水泥柱插入坑内，前后左右及上下矫正水泥柱在同一水平线上，且上端基本齐平。夯实坑边土，固定水泥柱。边柱长 5m，入土深度 1.2m，边柱向行长方向外侧倾斜，与地面夹角呈 70°，其中水泥柱长边在行宽方向上。行内柱长 4.0m，垂直入土深度 0.8 ～ 1.0m。出现风力较大（6 级以上）、风口或地势坡度较大区域，每隔 40m 需加高柱，柱顶部垂直行长方向上横拉一道钢丝，进行格架系统加固。注意为果园作业安全，横拉钢丝垂直高度为 3.45m，每行安装 2m 长反光警示管。

（4）地锚系统安装

①安装地锚。

距边柱入土点 3.5m 处埋设地锚石，地锚石垂直入土深 1.8m，地锚杆全部埋入土，填埋后夯实土壤，将拉环露出地面。注意保持地锚拉杆垂直地面，拉环与水泥柱成一条直线。边柱外侧可定植 2 棵果树，分别使用独立支撑杆与地锚拉线连接后固定果树。

②连接边柱。

在边柱垂直高度上 1.6m 与 2.9m 处各拉一道拉线，使用热镀锌抱箍连接拉线与边柱，钢绞线末端缠绕长度不小于 10cm，其中拉环端缠绕 1 处，水泥柱端缠绕 2 处。每道拉线配一根 2m 长反光警示管。

③连接高杆。

边行横拉钢丝的边杆地锚埋设点距边杆 3.5m，地锚入土深度 1.8m，在边行加高杆 3.45m 设一道拉线，每 50 行为一个单元，如果行数超过需加设边行。

注意一组地锚系统间距离不超过 160m，如行长超过 160m，需在中间合适距离加设边杆及地锚系统。

④布置钢丝。

在水泥柱上架设 5 道钢丝，分别距地面 0.4m、1.0m、1.6m、2.3m、2.9m 处各一道。架设顺序，先顺行拉开钢丝，由上至下布置，用紧线钳拉直绷紧，钢丝末端处使用 8 字形钢丝卡头或缠绕方式处理。用固定卡将水泥柱与钢丝固定，固定卡需要拉紧钢丝至轻微变形。

5.滴灌管安装

滴灌管固定在最下端钢丝上，一端连接支管道，一端延伸到钢丝的顶头，再向前延伸 1m 左右，延伸段向后折叠固定，以防滴灌时，水从滴管顶头流出。

6.安装玻璃纤维杆（或竹竿）

在苗木栽植点上，垂直安装玻璃纤维杆（或竹竿），与钢丝接触处，用扎丝固定，注意下端离开地面 20cm，上端超出最上层钢丝 20cm，竹竿粗头朝下，细头向上。

（三）宽行密植建园

选用矮化自根砧大苗建园，株行距为 1 ~ 1.5m×3.5 ~ 4m，每 667m^2 土地栽植苗木 111 ~ 190 株。对于长势弱的品种，如嘎啦、瑞雪、蜜脆等，行距可采用 3.5m，株距 1 ~ 1.2m；对于长势旺品种，如长富、乔纳金、秦脆等，行距可采用 4m，株距 1.2 ~ 1.5m。

1.苗木处理

（1）选用脱毒壮苗

应选用自根砧苹果 2 年生脱毒壮苗，品种新优、砧木纯正，无检疫性及腐烂病等病虫害。苗木大小一致，嫁接口上部 10cm 处品种干径 1.2cm 以上，苗木高度 1.6m 以上，整形带内有 6 ～ 12 个分枝，长度为 40 ～ 50cm，生长充实，分布均匀；主根健壮，侧根 5 条以上，长度超过 20cm，毛细根密集。

（2）苗木贮藏保管

栽植的苗木应事先用清水冲掉苗木根系的泥土，然后保存在 3 ～ 5℃的专用冷库中，库内空气湿度保持在 95%。

（3）苗木浸泡吸水

栽植时先要适当修剪苗木，回缩腐烂、受伤和过长的根系，剪除苗干上的干桩及整形带以下的分枝。修剪完后，挖深约 1m、宽约 2m 的土坑，坑的长短和数量根据苗木多少确定，坑底部及四周用塑料薄膜铺严，把苗木倾斜摆在坑中，等全部摆完以后，坑内注满清水。苗木中下部浸泡1个昼夜后取出栽植，若是假植苗，最好浸泡2 ~ 3个昼夜，让其充分吸水，但不能超过1周时间，以防根茎霉烂。同时在坑的上部，要搭建遮阳棚，避免苗木在阳光下直射，在中午温度较高时，还要对苗干中上部喷水保湿。

（4）苗木根系消毒

在浸泡坑附近，或在栽植地块周围，用一个较大容器（大铁锅或大水桶），配制70%的甲基托布津800倍液或50%的多菌灵800倍液，再根据药液量多少配制生根粉。定植前，把苗木根系浸入药液中蘸根消毒。

2.栽植建园

（1）标记栽植点

在下层钢丝上，按照苗木株距大小，用油漆标记栽植点。

（2）配置授粉树

自根砧建园配置授粉树方式：一是少量式，即每3 ~ 4行主栽品种配置 1 ～ 2 行授粉树，授粉树占果园总株数的 20% ～ 30%，适用大果园。二是等量式，即授粉树与主栽品种隔 2 ～ 4 行相间排列栽植，授粉树占果园总株数的 50%。三是复合式，即在两个品种相互授粉不亲和或花期不完全相同时，须配置第三个品种作为授粉树。也可配置专用授粉树（如海棠树），在株间每间隔 10 ～ 12 株主栽品种配置 1 株授粉树，比例为 8% ～ 10%。

（3）栽植适宜期

春季气温和地温明显回升后栽植苗木缓苗轻，利于成活，一般在苹果开花期最为适宜，即 4 月上中旬。

（4）挖坑施肥

自根砧苗木，侧根发达，主根短，应围绕栽植点挖较浅但稍宽的坑，深 30 ～ 40cm，宽 40 ～ 50cm。坑底部施入 1 ～ 1.5kg 商品有机肥加 0.5kg 过磷酸钙，撒入辛硫磷微胶囊或毒死蜱原药少许，每 667m^2 果园施原药 0.5kg，肥、药与底土混匀，以防烧根。

（5）规范栽植

坑挖好后，及时栽植，以免跑墒。苗木放入坑中，苗干对准栽植点，舒展根系，填土至坑中上部，向上略提，扶正苗干，再填土至坑满，踏实土壤。栽植后，嫁接口露出地面 10cm 左右。

（四）栽后田间管理

1.及时灌水

随栽植随灌水，或栽植当日灌水，有利于提高成活率。灌水量 30kg/株以上，渗透根系周围土壤。第 1 次灌水后，间隔 3 日灌第 2 水，以后每周灌 1 次水，持续 1 ～ 2 个月，直至缓苗期结束。

2.栽后修剪

栽植后及时修剪苗木。剪截折断枝条，缩剪失水干枯枝条，疏除粗度超过同部位枝干 1/2 的枝条及直立枝条，剪口涂抹封剪油或封闭性保护剂，防止水分散失。

3.铺设地布

栽植灌溉后，趁墒覆盖黑色园艺地布。先整理带面，沿株间两侧，打碎土块，拍实土壤，修成水平带面或凸形带面（中部高两边低），注意带面宽幅略窄于地布宽幅。地布宽幅根据行距大小确定，一般 70 ～ 100cm，沿带面铺设，边沿用土压实，树冠下留出 20cm 左右空带，空带内覆盖锯末，便于滴灌保墒，防止蒸发。铺设地布后，行间留出 2m 宽幅的空带，便于机械田间作业。

4.背干扶苗

在苗干上分道用硅胶绳或扎绳将树干绑在玻璃纤维杆或竹竿上，扶直苗干，扎口留出 5 ~ 10cm 距离，利于萌芽生长。

5.疏除花序

苗木上带有一些花芽，栽植 1 周后就会开花，应及时疏除全部花朵，当年不留果，节约营养，提高成活，促进新梢生长。

6.病虫防治

新栽幼树易被锈病、金龟子、蚜虫等病虫危害，应加强防治，全年喷布三唑酮、毒死蜱等农药 3 ~ 5 次。

五、挖改重建

近年来，对一些树体老化、品种混杂、树形紊乱、果园郁闭、作务不便的低效老旧果园，通过挖改重建技术，建立新果园。

（一）土壤处理

先挖除老树，刨除残根，带出园外。再地面喷洒 8% 果康宝糊剂 100 倍液 +50% 多菌灵可湿性粉剂 500 倍液 +1.8% 阿维菌素乳油 1000 倍液，每 667m^2 用药量各 1000g。结合喷药，每 667m^2 施腐熟的农家有机肥 3000kg 以上，全园深翻 40cm 以上，耙碎土块，平整园面。

（二）选用砧木

可选择抗重茬砧木 G935。G935 是美国康奈尔大学 1976 年选育，矮化效果达到 45% ~ 55%，介于 M9 和 M26 之间，与 M7 相似，但比 M7 更早熟，其上嫁接品种后分枝角度大，果实早熟、高产、耐寒，抗白粉病、火疫病、颈腐病，但易感绵蚜。

（三）规划行向

土壤处理后间隔 30d 栽树，在原行中间规划新行，在行线上挖深宽各 0.4 ~ 0.5m 的栽植坑，每坑施入微生物菌肥 2kg，荣昌硅钙镁钾肥 0.25kg，底土与肥混匀。浇水 1 次，水量渗透坑内土壤为止。

（四）苗木消毒

用 3 ~ 5° Bé 石硫合剂浸泡苗木根系 10 ~ 20min，或用 1000 倍液蓝矾泡苗 30min，再用清水冲洗根部，杀灭苗木携带的病菌。栽植前用 1000mg/kg 的萘乙酸或 100mg/kg 的 ABT 生根粉溶液，蘸根 3 ~ 5s，促发新根，提高成活率。

（五）壮苗栽植

3 月下旬至 4 月下旬栽植，选用带分枝脱毒壮苗，苗木未发芽萌动，苗高 1.5m 以上，有效分枝 10 个以上，茎粗 1.5cm 以上，无病虫危害，无失水皱皮，根系发达，须根多。栽植后，及时浇透水，以后每周浇水 1 次。

（六）树盘覆盖

栽植后，树盘留出 2m 宽的营养带，沿树两侧各覆盖 70 ~ 80cm 宽幅的黑色园艺地布，提温杀菌，保墒促活。

（七）套种绿肥

树行间套种豆科类作物，起到固氮促树作用。

（八）当年管理

当新梢长至 15cm 以上时，追施氮磷肥，每株 50 ~ 100g，促进生长。年内喷施杀虫杀菌剂 3 ~ 5 次，防治病虫害。8 月底 9 月初，对中心干上发出的大于 30cm 以上的主枝拉为下垂。

5 月份矮砧苹果园管理技术要点

月　　份	5 月。
节　　气	立夏、小满。 立夏，二十四节气之七，气温增高，草木茂盛。 小满，二十四节气之八，雨水充盈，植物丰满。
气候特点	气温骤升。
苹果物候期	幼果期。
果园农事	疏果定果，果实套袋，夏季修剪，病虫防治，肥水管理。
管理重点	5 月份气温骤升，苹果发育到了坐果期和幼果初次膨大期，春梢生长加快。按照果树生长发育规律，果园管理要重点做好疏果定果，确定合理的留果量，同时还要做好以控势为主的夏季修剪，果园追肥灌水，加强病虫防控，为幼果生长及花芽开始分化打好基础。

一、疏果定果

（一）人工疏果定果

1.疏果时间

人工疏果定果应从落花后 1 周左右，待幼果坐稳后，如黄豆粒大小，开始定果，在 20d 内结束。

2.八留八疏

定果时不论全树坐果多少，要全部留成单果，做到“八留八疏”，即：一留大果，疏小果；二留果台副梢长的果，疏果台副梢短的果；三留下垂果，疏朝天果；四留端正果，疏畸形果；五留果柄较粗的果，疏果柄较细的果；六留顶花芽果，疏腋花芽果；七留中心果，疏边果（对富士、嘎啦、瑞雪、华硕、维拉斯黄金等果柄较长的品种，若中心果生长不良，可留一边果，对蜜脆等果柄较短的品种，为防止采前落果发生，要疏果柄较短的中心果及其他边果，留一果柄较长的边果）；八留梗洼深的果，疏梗洼浅的果。

3.注意事项

在人工疏果时，注意剪短果柄，不可留长，以免影响套袋及果实膨大后戳伤梗洼部位，要用疏果剪疏果，不用手疏果。

（二）化学疏果

当前化学疏果剂有多个产品，一般常用的有以下几种，根据实际情况可选用其中一种，喷布浓度及时间如下：

1.西维因

适宜浓度为 2.0 ～ 2.5g/L，在盛花后 10d（当中心果直径达到 0.6cm 时）喷布第 1 遍，在盛花后 20d（当中心果直径达到 0.9 ～ 1.1cm 时）喷布第 2 遍。

2.萘乙酸

适宜浓度为 10 ～ 20ppm，在盛花后 15d（当中心果直径达到 0.8cm 时）喷布第 1 遍，盛花后 25d 喷布第 2 遍。如果选用萘乙酸钠，适宜浓度为 30 ～ 40ppm，喷布时间同萘乙酸。

3.顺顺苹果疏果剂

适宜浓度为 200 倍液，苹果花瓣脱落后 10 ～ 15d，当全园 75% 中心果直径达到 0.8 ～ 1.2cm 时（不能超过 1.5cm）喷 1 遍。稀释药剂时，用木棒敲打袋内块状物，先用 30℃的温水搅拌溶解药剂，反复溶解多次，直到桶内药液没有沉淀物。喷雾时早熟品种、小型果，叶片喷湿，可以看到水滴即可；晚熟品种、大型果适当喷重一些。

（三）化学疏花 + 化学疏果

在单独化学疏花或化学疏果效果不理想的情况下，可采用化学疏花 + 化学疏果相结合的方法，即在化学疏花后，再进行化学疏果，各种化学疏花疏果剂的喷施时间和适宜浓度与单独疏花或单独疏果时期浓度相同。

（四）化学疏花疏果 + 人工疏果定果

化学疏花疏果后，对于漏疏的花或漏疏的果，要人工进行补疏，才能达到理想的疏果定果效果。

（五）留果量的确定

自根砧苹果树留果量的多少，可参照两个标准。

1.根据离地面30cm处的主干横截面积确定留果量

对2～5年生树，每平方厘米留果量2～3个，5年生以上树4～5个。

2.根据不同品种确定留果量

富士2年生树留果量10个，3年生树20～30个，4年生树40～50个，5年生树80个，6年生以上树100～120个。嘎啦2年生树留果量15～20个，3年生树30～45个，4年生树60～75个，5年生以上树100～120个。蜜脆2年生树留果量15～20个，3年生树25～40个，4年生树50～70个，5年生树80～100个，6年生以上树100～120个。

每个果园具体留果量，还要根据实际作务水平、树势强弱、树体大小以及不同品种来确定。

3.果树产量的确定

根据树龄大小确定每667m^{2}产量高低，2年生树500～600kg，3年生树1250～1500kg，4年生树2000～2500kg，5年生树3000～3500kg，5年生以上树维持在3500kg左右。

（六）注意事项

化学疏果时，要根据作务水平、气候条件、生长情况、喷雾器械、不同品种、不同药剂、喷布技术等客观因素，先做小面积试验，待成功后，再大面积应用，化学结合人工疏花疏果效果更好。对维纳斯黄金等易发生果锈的品种，需提前套袋，要注意能否应用化学疏果，因为化学疏果后有一个自然落果期，可能推迟套袋时间。

二、果实套袋

（一）纸袋选择

红富士、嘎啦等品种要选用质量较好的双层三色纸袋，瑞雪选用专用纸袋，秦冠选用单层纸袋。

（二）套袋时间

黄绿色品种应在落花后 10 ～ 15d 为宜，约 5 月中旬套袋；早熟红色品种应在落花后 30d 为宜，约 5 月下旬至 6 月初套袋；晚熟红色品种应在落花后 30 ～ 40d 为宜，约 6 月上中旬套袋。对于生理落果严重的品种应在生理落果期后套袋。

（三）套袋方法

套袋前先用手将纸袋底部撑开，使纸袋膨胀起来，托起袋底，使两底角的通气放水口张开，注意要把果实悬空在袋中，置于正中间，以防止袋体摩擦果面。捏袋口时要在袋口两侧从外往里捏，依次按折扇方式折叠袋口，注意袋口不要朝上，向下折叠袋口捏紧（防止雨水渗漏）。套果时严禁将叶片装入袋内。

（四）注意问题

严格疏花疏果，选果形正、下垂果进行套袋；套袋前喷 1 遍农药，确保果实无病虫危害；套袋时注意规范的操作技术，扎紧袋口，轻手操作，以防套袋后大量落袋及落果发生。

三、免袋栽培

随着农村劳动力的减少及消费者的需求变化，免套袋技术成为新发展方向。通过近几年的初步探索，免袋技术可先从以下几方面进行尝试。

（一）沃土壮树

通过推广果园生草、重施有机肥、科学合理配施化肥等技术措施，进一步肥沃土壤、培育壮树，提高果实的内外在品质，尤其内在品质更优，外在品质接近套袋果，被消费者认可和接受，就会有一定的市场需要。

（二）高光树形

培养规范的高光树形，更利于苹果的着色及光洁度，矮化自根砧苹果宜培养高纺锤树形，控制枝量及大小，合理结果量，防止果园郁闭，光照越充足，生产的果实质量越好，达到枝枝见光，叶叶有效，果果优质。

（三）病虫防控

免套袋果实病虫害会危害较重，在栽培时要以食心虫、炭疽病、轮纹病、煤污病等病虫害为重点，做好预测预警，精准施药，增加喷施次数，要比套袋果全年多喷药 3 ～ 5 次，减轻对果实的危害，增加果面光洁度，提高果实品质。

（四）免袋品种

当前免套袋品种表现较好有红嘎啦、花牛、片红富士、瑞雪、瑞香红、福九红、福丽、阿珍富士、福布拉斯等，可大力发展。但长富 2 号、裕华早富等品种仍需套袋。

（五）免袋药剂

要提高免套袋苹果的外在品质，达到光、亮、红、艳，喷施免袋药剂是一项主要措施。一是喷施保护性杀菌剂，如果优宝等，使用浓度为400 ~ 500 倍，从 5 月 20 日前后开始，每 20d 喷 1 次，共喷布 5 次以上，可代替保护性杀菌剂，减少果锈，果点小，有亮度。二是喷叶面肥，如红宝旺、苹果面膜、贝丽靓果、皮尔瑞俄钙膜等，从 5 月 20 日开始，每 20d 喷 1 次，共喷布 5 次以上，可增加果面亮度。

四、夏季修剪

（一）拉枝下垂

对未拉枝或拉枝不到位的果园，在套袋前按照“一推二柔三压四定位”的方法，拉开主枝基角，使枝条下垂生长。

（二）撑枝转枝

当中心干上发出的新梢长度达到 20cm 以上时，用两头尖的牙签撑开基角，使其成为 90°；或者采用转枝方法，从枝条基部扭转 90°，下垂生长。

（三）疏枝

当冠内的背上梢、直立梢、徒长梢太多、太旺时，可间隔疏除，打开冠内光照，节约树体营养。

（四）环割

对长势旺的长枝富士等品种，当主枝生长过旺，且当年结果量较少时，可在 5 月中下旬在枝条基部环割 1 ～ 2 圈，间隔 10cm 以上，经过 10d 后，再环割 1 圈，控制新梢旺长，促进花芽形成。

五、病虫防治

落花后至套袋前，果园应喷施3次农药，主要防治黑星病、霉心病、锈病、白粉病、蚜虫、红蜘蛛、潜叶蛾等病虫害。

（一）5月上旬

喷施20%吡唑醚菌酯悬浮剂2000倍液、200g/L美甜2000倍液悬浮剂、50%异菌脲可湿性粉剂1000 ~ 1500倍液、70%吡虫啉水分散粒剂5000倍液、钙肥、芸苔素内酯等药剂。

（二）5月中旬

喷施30%醚菌酯可湿性粉剂1500倍液、62.5%猛锌·腈菌唑可湿性粉剂600倍液、20%噻虫高氯氟微囊悬浮剂2000倍液、20%啶虫脒可溶剂5000倍液、钙肥等药剂。

（三）5月下旬

喷施70%甲基硫菌灵可湿性粉剂1000倍液、80%克菌丹水分散粒剂

800 倍液、30% 阿维・灭幼脲悬浮剂 1000 倍液、75% 吡蚜・螺虫酯水分散粒剂 5000 倍液、钙肥等药剂。

六、肥水管理

（一）土壤追肥

在 5 月下旬至 6 月上旬，是苹果花芽当年开始形成期，对土壤追肥果园，要以磷为主、氮磷钾结合的三元复合肥，或磷酸一铵等肥料，株施 250 ～ 500g，每 $667m^2$ 施 50 ～ 75kg。

（二）滴灌施肥

5 月份，是春梢加速生长期，充足的肥水管理有利于新梢生长。但至 5 月下旬，新梢生长减缓，花芽开始分化，所以要适当控水，灌水的原则是不干旱不灌水，灌水也要灌小水，适当的干旱有利于花芽分化。滴灌施肥，应进行 2 次，5 月上旬 1 次，5 月中旬 1 次，每次湿润土层 30cm 左右，每 $667m^2$ 灌水量 3 ～ $5m^3$，配合施入磷酸一铵 5kg 或施入高磷型水溶肥（9-45-15+TE、20-30-10+TE 等）5kg。

（三）叶面喷肥

根据果树需肥情况，5 月份喷施钙、硼等叶面肥 3 次，上、中、下旬各 1 次，可选用 0.3% ～ 0.4% 的硼砂（硼酸）或 0.2% ～ 0.5% 的硝酸钙或 0.2% ～ 0.3% 的磷酸二氢钾等叶面肥，防治苦痘病、缩果病，促进花芽分化。

七、杂草控制

当杂草在快速生长之前，采用人工锄草或机械割草的办法，控制全园杂草在较低水平，不使果园荒芜；对生草果园，当草茎长至 30cm 以上时，要留茬 10cm 刈割，割下的草铺在行间或株间保墒。注意幼果期慎重使用化学除草剂，以免对幼果或嫩叶造成伤害。

6 月份矮砧苹果园管理技术要点

月　　份 6月。

节　　气 芒种、夏至。

芒种，二十四节气之九，气温升高，雨量充沛。

夏至，二十四节气之十，湿度增大、雷雨频发。

气候特点 气温升高。

苹果物候期 花芽分化期。

果园农事 果实套袋、果园追肥、病虫防治、杂草控制。

管理重点 6月份气温升高，幼果进入膨大期，春梢停长，花芽开始分化。按照果树生长发育规律，这个时期，雨量增多，空气湿度增大，果园管理的重点是果实套袋、病虫害防治，及控势管理，促进早成花，多成花，成好花，为来年丰产打好基础。

一、果实套袋

6月份的套袋是5月份的延续，尤其对大果园，要调配充足劳力，抓紧时间进行，先套早熟品种，再套中熟品种，后套晚熟品种，于6月20日前后结束。如推迟套袋，果个增大，操作困难，易创伤果柄；且果面底色加重，影响除袋后的着色及亮度。套袋后，遇到大风大雨，全园检查，发现落袋，及时捡起，另行套果。

二、病虫防治

6月份是苹果黑星病的发病盛期，是免套袋苹果桃小食心虫蛀果为害及蚜虫为害盛期，也是腐烂病侵染为害的开始期，重点围绕“两病两虫”，抓好各种病虫害的全面防治。

（一）以黑星病为主的防治措施

1.套袋前喷药

对黑星病严重为害的果园，在套袋前喷施1～2次200g/L的美甜悬浮剂1500～2000倍液，可起到良好的防治效果；对黑星病轻微的果园，在套袋前喷施1～2次40%腈菌唑可湿性粉剂6000倍液或80%克菌丹水分散粒剂800倍液或10%多抗霉素可湿性粉剂1000倍液或50%异菌脲可湿性粉剂1000倍液或70%甲基硫菌灵可湿性粉剂1000倍液等药剂。

2.套袋后喷药

套袋后喷施 40% 氟硅唑乳油 8000 倍液或 43% 戊唑醇悬浮剂 3000 倍液或 10% 苯醚甲环唑水分散颗粒剂 2000 倍液或 12.5% 烯唑醇可湿性粉剂 2000 倍液等药剂。

（二）以桃小食心虫为主的防治措施

免套袋果园，当测报调查第 1 代卵果率达到 1% ～ 2% 时，约在 6 月的上中旬，应及时喷药防治。可喷施 30% 杀铃脲悬浮剂 2000 倍液或 25% 灭幼脲 2000 倍液或 25% 甲维 · 灭幼脲悬浮剂 1000 倍液或 30% 阿维 · 灭幼脲悬浮剂 1000 倍液或 5% 高氯 · 甲维盐微乳剂 1800 倍液或 2.5% 高效氯氟氰菊酯 2000 倍液等药剂。第 1 次喷药后，间隔 20 ～ 25d，喷施第 2 次药。7 月中下旬以后第 2 代卵发生期，再喷药 1 ～ 2 次。

（三）以蚜虫为主的防治措施

在蚜虫发生期，喷施 70% 吡虫啉水分散粒剂 5000 倍液或 75% 吡蚜·螺虫酯 5000 倍液或 20% 啶虫脒可溶液剂 5000 倍液等药剂。

（四）以预防腐烂病为主的防治措施

6 月份树干落皮层形成初期，是腐烂病病菌侵染树干的开始期，是预防夏秋季和冬春季腐烂病发病的关键期，可与病疤涂药预防复发相结合进行。先轻刮主干和主枝基部树皮，然后涂抹 43% 戊唑醇悬浮剂 300 倍液或 40% 氟硅唑乳油 200 ～ 300 倍液，间隔半月，再涂抹 1 次，保护树干免遭病菌侵染危害。

三、果园追肥

（一）土壤追肥

如果 5 月下旬果园土壤未追肥，那么 6 月上中旬就需要补追肥 1 次。6 月正值苹果花芽分化的盛期，也是幼果迅速发育期，科学合理的肥水管理，可增大果个，提升品质，减轻大小年，尤其对结果量大的长枝红富士品种效果明显。追肥要突出磷肥，辅助钾肥，少施氮肥，建议施 1 次高磷型复合肥或平衡型复合肥，即：N-P-K=15-15-15 或 N-P-K=15-33-9，或施类似配方肥料，或施磷酸一铵，施肥量为 30 ～ 45kg/667m^2。

（二）滴管施肥

根据土壤墒情和降水情况，补水 2 ～ 3 次，湿润深度 30 ～ 40cm，每 667m^2 施水溶肥（N-P-K=16-8-34）10kg，分 2 次施入。

（三）叶面喷肥

喷施钙肥 3 次，6 月上、中、下旬各 1 次，如 0.2% ～ 0.5% 的硝酸钙或其他钙肥。

四、夏季修剪

6 月是夏季修剪的重要期，要综合运用转枝、拉枝、环切、疏枝等夏剪措施，改善光照，控制营养生长，促进花芽分化。

（一）幼树夏剪

先疏除过旺枝、过密枝、背上直立枝等，再进行拉枝或转枝，使枝条下垂，培养规范高纺锤树形。

（二）旺树夏剪

对生长势过旺的长枝富士树，要从较粗的主枝基部进行环割，控制长势，促进花芽分化。对长势中庸的树，对主枝要进行拉枝、转枝处理，控势促花；对背上旺枝、直立枝、徒长枝无空间的疏除，有空间的可扭梢、转枝处理，使其转换为结果枝；对过长的主枝延长头，可在小枝、下垂枝处回缩。

五、杂草控制

（一）人工控草

果园杂草采用人工锄草、割草或机械割草等办法控制。

（二）化学除草

果园杂草可用化学除草剂控制，选用200g/L的草铵膦，每667m^{2}用药量为100～120mL，兑水15～30kg，均匀喷洒草体，如杂草茂盛，每667m^{2}用药量可增加到200mL，控草1个月。

（三）刈割覆盖

生草果园，当草茎长至30cm以上时，留茬10cm刈割，铺在株间或行间，覆盖保墒。

7

7 月份矮砧苹果园管理技术要点

月　　份	7 月。
节　　气	小暑、大暑。 小暑，二十四节气之十一，小暑入伏，高温多雨。 大暑，二十四节气之十二，高温酷热、雷暴频繁。
气候特点	气候炎热。
苹果物候期	果实膨大期。
果园农事	病虫防控，果园追施，夏季修剪，早熟品种采收销售。
管理重点	到了 7 月份，气温高、湿度大，果实进入快速膨大期，早熟苹果开始采收销售。果园管理的重点是做好病虫害防治、肥水管理及采收销售。

一、病虫防控

（一）防治对象

防治重点对象为黑星病、炭疽叶枯病、褐斑病、炭疽病、轮纹病、红蜘蛛、卷叶蛾、潜叶蛾等病虫。

（二）病害防治

以防治苹果黑星病、炭疽叶枯病等为主的果园，可单独喷施1：（1.5 ~ 2）：160 ~ 200波尔多液，每半个月喷施1次，在雨前喷施，可起到很好的防治作用。

波尔多液的配制：原料为硫酸铜、生石灰及水。生产上常用的波尔多液比例有：硫酸铜石灰等量式（硫酸铜：生石灰=1：1）、倍量式（1：2）、半量式（1：0.5）和多量式（1：3 ~ 5），用水一般为160 ~ 240倍。所谓半量式、等量式和多量式波尔多液，是指石灰与硫酸铜的比例。而配制浓度1%、0.8%、0.5%，0.4%等，是指硫酸铜的用量。例如施用0.5%浓度的半量式波尔多液，即用硫酸铜1份、石灰0.5份，水200份配制。也就是1：0.5：200倍波尔多液。

在配制过程中，按用水量一半溶化硫酸铜，另一半溶化生石灰，待完全溶化后，再将两者同时缓慢倒入备用的容器中，不断搅拌；也可用10% ~ 20% 的水溶化生石灰，80% ~ 90% 的水溶化硫酸铜，待其充分溶化后，将硫酸铜溶液缓慢倒入石灰乳中，边倒边搅拌使两液混合均匀即可，此法配成的波尔多液质量好，胶体性能强，不易沉淀。要注意切不可将石灰乳倒入硫酸铜溶液中，否则易发生沉淀，影响药效。

（三）虫害防治

以防治螨类、潜叶蛾等为主的害虫，在发生初期，喷施 1.8% 阿维菌素乳油 4000 倍液或 15% 哒螨灵乳油 1500 倍液或 24% 螺螨酯悬浮剂 4000 倍液或 20% 四螨嗪悬浮剂 3000 倍液或 25% 灭幼脲三号悬浮剂 2000 倍液等。

免套袋果园，加强田间观察，当桃小食心虫卵果率再次上升到 1% 时喷布 1% 抑太保 1000 ~ 2000 倍液或 50% 蛾螨灵 1500 ~ 2000 倍液等药剂。

（四）综合防治

在病害、虫害同时发生的果园，在发生初期，混合喷施杀虫、杀菌剂，杀菌剂可选用 43% 戊唑醇 4000 倍液、10% 苯醚甲环唑 2000 倍液、80% 代森锰锌 800 倍液等，杀虫剂可选用扫螨净、灭幼脲、阿维菌素等，早熟苹果应停止喷施杀虫药。

二、追施肥料

（一）土壤施肥

结果树，需在 7 月中下旬追施果实膨大肥。主要以硫酸钾或磷酸二氢钾或高钾型三元复合肥（N ：P ：K=10 ：5 ：30），根据结果量多少，确定施肥量，一般 0.5 ～ 1kg/ 株，采用条沟、环状沟法施入。

（二）滴灌施肥

如出现伏旱现象，应及时灌水，每次 5 ～ $10m^3/667m^2$，保持土壤墒情充足。滴灌果园，可结合灌水，追施硫酸钾或磷酸二氢钾 5kg/（$667m^2$·次），每 10d 滴灌施肥 1 次，共 2 ～ 3 次。

（二）叶面喷肥

结合喷药，叶面喷施 2 ～ 3 次 0.01% ～ 0.05% 黄腐酸、腐殖酸或 0.3% 磷酸二氢钾等肥液。

三、夏季修剪

（一）控旺

在 6 月份调控的基础上，对旺树继续进行控梢，通过拉枝、转枝、拿枝、摘心、环割等综合手法，调整枝条夹角和方位角，缓和树势。对长枝红富士拉枝 120°为宜；对单个果台枝留 7 ～ 8 片叶摘心，2 个果台枝采取 1 个摘心 1 个扭梢，对主枝背上直立新梢间隔疏除；对超过 30cm 的新梢进行转枝或拿枝，要求伤及木质。

（二）疏枝

对于旺树，适当疏除过密枝、徒长枝、直立枝，改善通风透光条件，节约营养，促进成花。疏除不宜过重，防止破坏根冠平衡，导致日灼发生，造成危害。

四、杂草控制

果园杂草采用人工锄草、割草或机械割草等办法控制。也可用化学除草剂控制，选用 200g/L 的草铵膦，每 667m^2 用药量为 100 ～ 120mL，兑水 15 ～ 30kg，均匀喷洒草体，如杂草茂盛，每 667m^2 用药量可增加到 200mL，可控草 1 月。生草果园，当草茎长至 30cm 以上时，留茬 10cm 刈割，把刈割的草铺在行间，覆盖保墒。

五、早熟品种采收

早熟品种如红思尼柯、鲁丽、华硕等在 7 月下旬至 8 月上旬成熟，需在采收前 10 ～ 15d 开始除袋，分 2 次进行，先除外袋，间隔 5 个以上晴天再除内袋。除袋后，摘除距果实 15cm 范围内的贴果叶、遮光叶。当果实阳面充分着色后，进行转果，促其全部着色。果实充分成熟后，先采摘树冠上部的、外围的、着色好的果实，后采摘树冠内膛的、下部的、后着色的果实，分 2 ～ 3 次采收完毕。早熟苹果不耐贮藏，果肉容易发绵，采摘后要及时销售。

8 月份矮砧苹果园管理技术要点

月　　份 8 月。

节　　气 立秋、处暑。

立秋，二十四节气之十三，秋之开始，阳气渐收。

处暑，二十四节气之十四，高温酷热、雷暴频繁。

气候特点 高温高湿。

苹果物候期 果实膨大期、采收期。

果园农事 病虫防控、夏季修剪、果实采收。

管理重点 8 月份高温多湿的气候条件，促使秋梢进入旺盛生长期，花芽继续分化，多种病虫危害加重，同时，中熟品种成熟采收，晚熟品种迅速膨大，苹果园管理要以病虫害防治、果实采收销售及秋剪等为重点，落实各项技术措施。

一、病虫防控

（一）病害防治

对病害严重、虫害较轻的果园，可重点防治病害，单独喷施 1：（1.5 ～ 2）：160 ～ 200 的波尔多液，每半个月 1 次，对黑星病、炭疽叶枯病、褐斑病、炭疽病、轮纹病防治效果明显。

（二）病虫防治

对病害、虫害均发生的果园，混合喷施杀虫剂和杀菌剂。杀菌剂可选用氟硅唑、戊唑醇、烯唑醇、甲基硫菌灵、异菌脲等内吸性、治疗性强的药剂，杀虫剂可选用阿维菌素、灭幼脲、甲维盐等高效低毒低残留农药，每 10d 左右喷施 1 次，可防治黑星病、早期落叶病、炭疽病、毛虫类、潜叶蛾、螨类等病虫害。

（三）重点病虫防治

对叶螨可喷 5% 尼索朗 2000 倍液或 15% 哒螨灵 2000 倍液，对斑点落叶病可喷 1% 中生菌素 1000 倍液或 10% 多抗霉素 1000 倍液或 50% 异菌脲 1000 倍液，对蛾类可喷 25% 灭幼脲 3 号 1000 倍液或蛾螨灵 2000 倍液。

（四）绑扎诱虫带

叶螨等小型害虫在 8 月上中旬开始沿树干下树或在树皮裂缝中越冬，其他害虫可延续到果实采收前后下树越冬，所以 8 月中旬为绑带的最佳时期。把诱虫带顺长绕树干 1 周，对接后用胶带或扎绳绑裹于树干第一枝干下 5 ~ 10cm 处。或树干绑扎草把均可。从 8 月份开始至果实采收后，可诱集红蜘蛛、康氏粉蚧、苹小卷叶蛾、蚜虫、网蝽等多种害虫，12 月份解除烧毁，降低虫口密度。

二、夏季修剪

8 月份，在中熟品种除袋至采收前，全园需修剪一遍。

（一）疏剪

重点疏除树冠中上部的直立枝、徒长枝、旺盛枝，节约营养，打开光路，促进果实着色，便于除袋及采收操作。

（二）缩剪

缩剪外围过长枝、过旺枝、过强枝，剪口留弱枝、弱芽、下垂枝、斜生枝带头，打开行间，便于人员及机械入园作业，使果园通风透光。

（三）拉枝

8 月下旬至 9 月上旬，新梢生长减缓，拉枝整形适宜，不会冒条或枝条先端不会抬头。在拉枝前，先修剪果树一遍，剪除直立枝、徒长枝、旺盛枝、过密枝、过粗枝等，缩剪过长枝。修剪后，剩余的角度较小的枝条，用拉枝器或绳带拉开基角，注意晚熟品种防止碰落苹果。对长枝富士等生长势旺盛的树，拉枝下垂，枝条基角成 120°，对短枝富士或蜜脆等生长势较弱品种，拉枝水平略下垂，基角呈 100 ～ 110°，使枝条充实、芽体饱满、花芽形成良好。

三、除袋采收

（一）果实除袋

对蜜脆、玖月奇迹、玉华早富、红将军等中晚熟品种，8 月中下旬，采前 15 ～ 20d 除袋。先除外袋，间隔 5 个晴天，再除内袋。

（二）摘叶转果

除袋后及时摘叶转果。摘除“贴果叶”及“遮光叶”，剪除叶片，保留叶柄；当果实阳面充分着色时，将阳面转向阴面，促其全面着色。

（三）分批采收

当果实成熟后，先采摘树冠上部、外围着色好的果实，间隔 3 ～ 5d 后再采摘树冠下部及内膛的后着色的果实，分 2 ～ 3 批全园采收完毕。

（四）及时销售

中熟品种，贮藏期短，采收后及时销售，不宜贮藏。

四、杂草控制

对果园杂草，在生长旺盛期，喷布草铵膦水剂，每 667m^2 使用量为 100 ～ 2000mL，兑水 30 ～ 50kg，当果园无风时，细致均匀喷洒草体，注意不要喷到树体叶片及果实上，5 ～ 7d 后杂草枯萎，持效期达 1 个月以上。也可人工锄草或机械割草，控制杂草生长。

五、果园生草

（一）草种选择

苹果园生草的草种主要有：羊茅草、黑麦草、白三叶、苜蓿、紫云英等。

（二）播种时期

果园生草，多在秋、春进行，秋播为好，因播后不需人工拔除杂草，省工；春播需人工拔除杂草，费工。具体时间，秋播 8 ~ 10 月，春播 3 ~ 5 月，雨后趁墒播种，利于出苗。

（三）整地施肥

播种前，将园地杂草及杂物清除，耕翻土壤，施足底肥。每 667m^2 施入 50 ~ 75kg 过磷酸钙，10kg 尿素或 10kg 磷酸二铵；将肥料撒在园区行间，耕翻土壤，深度 20 ~ 25cm。墒情不足时，耕地前要灌水补墒，整平耙细。

（四）播种方式

采用行间生草、株间覆盖方式。条播或撒播均可，播种带宽 1.5m 左右，种植边缘距离果树 1m。草籽可单播也可混播，豆科与禾本科混播，对改良土壤效果明显，如白三叶草与黑麦草按 1 ∶ 2 混播等。豆科类播种深度为 0.5 ~ 1.5cm，禾本科类播种深度为 3cm 左右。播种量：羊茅草 9 ~ 11kg/667m^2、黑麦草 5 ~ 6kg/667m^2、白三叶 2 ~ 3kg/667m^2、苜蓿 2 ~ 3kg/667m^2、紫云英 1.5 ~ 2kg/667m^2。

（五）苗期管理

播种后，遇天气干旱，适量补水或少量覆草，确保出苗整齐。冬季覆盖农家肥，利于幼苗越冬。苗期及时拔除杂草，追施少量氮肥，适量灌水，促进幼苗生长。成苗后补充磷、钾肥，促进草体健壮生长。

（六）刈割覆盖

生草成坪后刈割覆盖。每年当草体长至 30cm 以上时刈割，留茬 5 ~ 10cm，割下的草覆盖株间或行间，即生草与覆盖相结合，达到以草肥地的目的。秋季 10 月份以后，无须割草，利于果树安全越冬。每年刈割覆盖 4 ~ 6 次。

（七）配套措施

遇到干旱时，补充灌溉，促进草体旺盛生长。每次割草后，每 667m^2 施氮肥 5 ～ 10 千克，并适当灌水，解决草与果树争肥、争水问题。生草 5 ～ 7 年后，应耕翻 1 次，休闲 1 ～ 2 年，再重新生草。

9 月份矮砧苹果园管理技术要点

月　　份	9月。
节　　气	白露、秋分。 白露，二十四节气之十五，天气渐凉，水气露凝。 秋分，二十四节气之十六，昼夜等长，平分秋色。
气候特点	雨水变多，温差增大。
苹果物候期	果实成熟期。
果园农事	秋剪、除袋、贴字（图）膜、铺反光膜、摘叶转果、病虫防控、采果销售。
管理重点	9月份雨水增多，昼夜温差变大，苹果树进入生长后期，晚熟品种接近成熟，中晚熟品种成熟采收，根系进入第3次生长高峰，花芽分化持续进行，果园管理的重点应是果实除袋、采收和销售。

一、秋剪

晚熟品种，在除袋或采收前，全园需修剪一遍。

（一）疏枝

主要疏除直立枝、徒长枝、背上枝、病虫枝，打开树冠光路，促进果实着色。

（二）戴帽

对1年生新梢，戴帽修剪，促发短枝；对2年生长枝，戴帽修剪，促进花芽形成；对骨干枝延长头摘心，充实枝条。

（三）拉枝

对8月份未拉枝的果树，在9月份应继续拉枝。长枝富士等生长势旺的品种拉开基角成120°，短枝富士或蜜脆等生长势较弱品种拉开基角成100°。通过拉枝，尤其当年生枝条，进一步缓和生长势，促进花芽形成。

（四）除蘖

对根颈萌蘖，应挖开土壤，从根部或颈部连接处剪除。对主干上有腐烂病疤的，可预留1～2个长短适中的萌蘖，待春季桥接。

二、除袋

对晚熟品种，采果前15～20d除袋，先除外袋，间隔5个晴天，再除内袋。不同品种，除袋时期不同，在陕西千阳县，长富2号9月20日除外袋，9 月 25 日除内袋；烟富 3 号 9 月 25 日除外袋，10 月 1 日除内袋；烟富 8 号、短枝富士等易着色品种，10 月 1 日除外袋，10 月 5 日除内袋。

三、贴字（图）膜

脱袋后，通过在果实表面贴字（图）膜生产艺术苹果。

（一）选膜

选一面带胶、一面不带胶的两层纸合成的进口或国产的字（图）膜。

（二）字体

选笔画粗实庄重、清晰大方、一目了然的字体，慎用行、草体等笔画细、连笔多的字体。

（三）内容

选字（图）膜的内容新颖、寓意深刻、富贵吉祥等话语，如一帆风顺、心想事成、福禄寿喜、吉祥如意、招财进宝等祝福语或十二生肖、人物、花、鸟、鱼类或爱情话语等内容。

（四）规格

75果适宜选40mm×60mm大小的字（图）膜，80、85果适宜选46mm×60mm大小的字（图）膜。

（五）选果

贴大小适中（80、85果适宜）、果形端正、树冠外围或中上部果，下垂果，片红如短富、烟富三号、烟富八号等，套纸袋果。条红富士、黄色品种贴字（图）膜效果不好。

（六）贴膜

除内袋后，第二天开始，早、晚贴膜，贴在果实阳面两侧，不可贴在果实正阳面。

四、铺反光膜

除内袋后，及时在树冠两侧铺设银色反光膜，用石块或绳子压膜，防风卷，忌土块压膜。勤检查，清扫膜上泥土、落叶及积水，压实被风刮起的膜，保证使用效果。

五、摘叶转果

果实成熟前 20 ～ 30d 开始，摘除果实周围 5 ～ 10cm 内的叶片，摘叶量约占全树的 20% 左右。除内袋后 1 周，待果实阳面着色后转果。轻托苹果转动 90° ～ 180°，使阴面着色，早晚进行，避开中午高温，防止日灼。

六、病虫防控

（一）病害防治

除袋前后各喷施一次 50% 多菌灵 1000 倍液、43% 好力克 4000 倍液、70% 安泰生 600 倍液、70% 进口甲托 800 倍液或多抗霉素、烯唑醇、腈菌唑、丙环唑等药剂，防治早期落叶病、轮纹烂果病、炭疽病等病害。

（二）虫害防治

除袋前喷施灭幼脲 3 号、杀铃脲、甲维盐等药剂，防治潜叶蛾、毛虫类等害虫（除袋后禁喷杀虫剂）。

（三）鸟害防治

近年来，由于生态转好，鸟雀增多，尤其在山坡地及沟边果园，成群鸟雀啄食果袋及果实，危害很大。可采用架设防鸟网、使用驱鸟器、打锣惊吓、间断放炮等措施防御。普遍使用驱鸟剂，省时易防。在雀鸟危害期，于傍晚时分用水稀释成 50 ～ 250 倍液，搅拌均匀后喷洒在叶片和果实上；也可挂瓶防治，使用浓度为 15 倍液，每 667m^2 挂瓶 30 ～ 60 个，一般药效期为 7 ～ 10d，超过药效期后另行挂瓶。

七、采收销售

对于 9 月份成熟的品种，正赶上国庆和中秋双节，是销售旺季，采收后应及时销售。

10

10月份矮砧苹果园管理技术要点

月　　份	10月。
节　　气	寒露、霜降。 寒露，二十四节气之十七，寒气渐生，白露欲霜。 霜降，二十四节气之十八，气温骤降，昼夜悬温。
气候特点	冷暖多变，旱涝不均。
苹果物候期	果实成熟期。
果园农事	果实采收、预冷贮藏、病虫防控、秋施基肥。
管理重点	10月份是苹果树秋梢停长、晚熟品种成熟采收和营养物质积累、花芽持续分化的重要时期，管理的重点是苹果采收、贮藏、销售及秋施基肥。

一、果实采收

（一）果篮、果筐准备

按照果园面积大小及产量多少提早准备果篮或果筐，内衬垫软质材料，防摩伤果面，选用苹果采摘包。

（二）采摘人员要求

采摘人员进园采收前要剪指甲、戴手套，防掐伤果面。

（三）采果顺序

先采树冠上部、外围，已着色好的果实；再间隔 3 ～ 5d 后采摘冠内膛、下部后着色的果实，分 2 ~ 3 次全树采完。

（四）采摘方法

在采收时，一手掌轻托果实，食指衬住果柄基部，向上轻抬，掰掉果柄，忌拽果。

（五）剪除果柄

采摘的果子，在放筐之前，先剪掉果柄，以免戳伤其他果子。

（六）分级装筐

将采摘的果实，按照果实大小在地头分级，将病虫果、畸形果、小果、伤果等拣出，将商品果分开装筐。

（七）注意事项

轻摘轻放，减少损失；切忌日晒、雨淋、露天堆放及土壤直接接触，要及时预冷。

二、冷库预冷

（一）自然预冷

采摘的苹果，堆于地上（下面要有衬垫物），或装入筐中，晚上筐上坦露，白天用遮阳网遮阴，利用早晚温差，自然预冷，经 1 ～ 2 个昼夜，散失果实田间热，降低果实温度。

（二）空库预冷

苹果入库前 4 ～ 5d 将冷库内制冷机打开降温，使库房温度降至 0℃至 –2℃，并稳定在此范围内为止。

（三）低温预冷

将采摘的苹果，装筐后单层摆放在冷库内，框上苹果裸露，库温

0℃，预冷 15 ~ 20h。

三、果品贮藏

（一）冷库消毒

1.紫外线消毒

按每立方米 1W 紫外线光灯配备，每天照射 3h 以上。

2.药剂消毒

库体、冷库工具可用紫外线辐射杀菌，也可用 10% ~ 20%的漂白粉溶液，或用 3% ~ 5% 的甲醛，喷洒消毒，封库 1 ~ 2d，然后通风。

（二）堆码要求

果筐距库顶 50cm，距库壁 30cm，堆码之间距离 30 ~ 50cm，距冷风机 150cm，垛底垫木高度 10 ~ 15cm。

（三）分级贮藏

按品种、规格等级贮藏或条纹红、偏红分开贮藏，便于出售。

（四）贮藏检查

定期监控库内温湿度及苹果保鲜程度，每库房至少选择 3 个监测点，温度 –1℃至 1℃，湿度 90% ~ 95%。如果采用塑料薄膜包装贮藏，库内可不加湿。

四、病虫防治

（一）病害防治

内袋摘除后，全园喷施 1 次高效低毒低残留的杀菌剂及钙肥，防治苹果炭疽病、轮纹病、煤污病等病虫，杀菌剂选用 70% 甲基硫菌灵可湿性粉剂 700 倍液或 10% 多抗霉素可湿性粉剂 1500 倍液，钙肥选用糖醇钙、美林钙、氨基酸钙肥等。

（二）虫害防治

在苹果近成熟期，田间有金龟子、吸果夜蛾及蜂类等为害时，用诱虫净、糖醋液（糖 : 醋 : 白酒 =5 ： 2 ： 1）诱杀，保护果实减少损失。

五、秋施基肥

（一）施肥时期

苹果秋施基肥，适宜期为 9 ~ 10 月份，早中熟品种采收后应在 9 月份施肥，晚熟品种，最好在采收前施肥，确因实际操作困难，建议在采收后越早越好。

（二）施肥模式及施肥量

1.有机肥+配方肥

（1）有机肥：对盛果期果园施牛粪、羊粪、猪粪等腐熟的农家肥 2000 ~ 3000kg/667m^2，或商品有机肥 1000kg/667m^2，或饼肥 200kg/667m^2，或商品生物有机肥 500kg/667m^2，或腐殖酸 200kg/667m^2。对幼龄果园可减少有机肥使用量。

（2）配方肥：施高氮高磷中钾型复合肥 50 ~ 100kg/667m^2，如含量为 45%（N-P-K=20-15-10）或类似配方，但在腐烂病严重的果园可采用平衡型复合肥如 45%（N-P-K=15-15-15），硅钙镁钾肥 50 ~ 100kg/667m^2，其他中微量元素肥少量。

（3）施肥方法：由于现代果园均为规模化发展、机械化施肥，因此施肥方法以简便为主，可采用开沟施肥和撒施肥料。开沟施肥是沿树冠外缘挖深、宽各 20 ~ 30cm 的条沟，有机肥与化肥各施入根系集中分布层稍下部。撒施肥料是肥料撒施在树冠投影外缘地面，宽幅 30 ~ 40cm，用旋耕机旋耕一遍即可。

2.有机肥+水肥一体化

（1）有机肥：施牛粪、羊粪、猪粪等腐熟的农家肥 2000 ~ 3000kg/667m^2，或商品有机肥 1000kg/667m^2，或饼肥 200kg/667m^2，或商品生物有机肥 500kg/667m^2，或腐殖酸 200kg/667m^2。对幼龄果园可减少有机肥使用量。

（2）水肥一体化：采收前，滴灌浇水 1 ～ 2 次，每次灌水量 3 ～ 5m^3。结合滴灌，每 667m^2 果园每次施入硫酸钾 5 ～ 10kg。采收后，滴灌施肥 1 次，每 667m^2 果园施入水溶肥（N-P-K=20-20-20）5 ～ 10kg 或施入硝酸铵钙 5 ～ 10kg 或磷酸一铵 5-10kg。

11

11 月份矮砧苹果园管理技术要点

月　　份	11 月。
节　　气	立冬、小雪。 立冬，二十四节气之十九，生气闭蓄，万物收藏。 小雪，二十四节气之二十，天气渐冷、降雪之始。
气候特点	气温下降，冷气频繁。
苹果物候期	落叶期。
果园农事	秋施基肥、灌防冻水、树干涂白、病虫防控。
管理重点	11 月份苹果采收完毕，气温逐渐下降，苹果树进入落叶期，果园管理的重点是树干涂白和灌防冻水，为果树安全越冬做好准备。同时对还未施基肥的果园，抓紧时间施肥。

一、秋施基肥

未施肥果园，抓紧补施，最迟 11 月下旬结束，施肥量及方法同上月。

二、根外追肥

全园喷施 1% ～ 5% 尿素 +0.5% ～ 2% 硫酸锌 +0.5% ～ 2% 硼砂，浓度前低后高，喷 3 次，间隔 7d 左右。

三、灌防冻水

11 月下旬，待土壤昼消夜冻时，全园灌 1 次防冻水。滴灌果园，灌水量为 5 ～ $10m^3/667m^2$，沟灌或穴灌，灌水量为 10 ～ $20m^3/667m^2$，下渗土壤 30 ～ 40cm 为止。提高树体抗冻能力，满足来年生长需要。

四、树干保护

11 月下旬，树干喷涂涂白剂，预防冻害发生。

（一）自配涂白剂

1.成分比例

生石灰 3kg，水 10kg，石硫合剂原液 0.5kg，食盐 0.5kg，动（植）物油 0.15kg。

2.配制方法

用少量水化开生石灰，去渣，拌成石灰乳。用热水化开食盐，将石硫合剂原液倒入食盐水中；将动（植）物油、食盐水和石硫合剂倒入石灰乳中，搅拌均匀；可在混合液中加入黏着剂，延长涂白期限。

（二）商品涂白剂

商品涂白剂做工精细、成膜性强、具有超强的黏着性，同时具有良好的透气性，长时间静置不会出现液面分离，耐雨水冲刷，有效时间长，且增加了预防钻蛀性害虫效果。

（三）涂（喷）树干

1.刮除树皮

喷（涂）涂白剂之前，先刮除树干上的粗老翘病皮，提高喷（涂）白效果。

2.剪除萌蘖

喷（涂）白之前剪除根颈部的萌蘖及距离地面较近的主枝，便于喷（涂）白操作。

3.喷（涂）干

涂白剂喷涂部位为主干及主枝基部，距离地面 1 ～ 1.5m。人工用刷子直接涂抹，或将商品涂白剂装入电动或手动喷雾器，安上专用涂白喷头，喷涂树干。

四、喷药防治

采果后全园喷布 40% 毒死蜱乳油 800 倍液或 99% 矿物乳油 150 倍液或 5° Bé 石硫合剂，全面周到喷雾，树体上下枝干表面全部喷湿。

五、全园耕翻

结合施肥，对清耕果园全园耕翻一遍，行间深度 15 ～ 20cm，株间深度 5 ～ 10cm；对生草果园，株间要浅锄一遍，深度 5 ～ 10cm。

12

12 月份矮砧苹果园管理技术要点

月　　份	12 月。
节　　气	大雪、冬至。 大雪，二十四节气之二十一，降雪之始，天气愈冷。 冬至，二十四节气之二十二，阴极之至，阳气始生。
气候特点	天气寒冷。
苹果物候期	休眠期。
果园农事	果树冬剪、清理果园、树干涂白、病虫防控。
管理重点	12 月份，随着气温下降，果树落叶，始入休眠期，营养物质回流到根系及中心干中贮藏，苹果园管理的重点是冬季修剪。

一、果树冬剪

（一）修剪对象

落叶后开始冬剪。主要修剪弱树、长势弱的品种及花量多的树，如蜜脆、嘎啦、短枝富士、华硕等。对旺树、长势旺的品种及花芽量少的树，如长富2号、烟富3号、福布拉斯等品种不宜在此期修剪。

（二）树形培养

严格按照高纺锤树形标准进行修剪，树体结构分为两部分，一是中心干；二是中心干上的主枝。中心干为唯一永久性骨干枝，所有主枝作为结果枝培养，树体高度3.2m左右，树冠0.8 ~ 1.2m，中心干上着生的结果枝40多个，水平下垂，单轴延伸。

（三）修剪技术

1.疏枝

（1）若有空间，应从基部保留1 ~ 2cm短桩疏除冠内背上枝、直立枝、徒长枝、过密枝、病虫枝等；若无空间，可从基部疏除，减少全树无用枝量。

（2）疏除砧木萌蘖及中心干上70cm以下的主枝，剪口齐平，不留桩。

（3）疏除基部直径达到2cm以上的主枝，基部保留3 ~ 5cm短桩，剪口平斜，促其另发新枝。

2.缩剪

（1）缩剪过长、过弱的主枝，剪口留健壮侧枝，增强后部生长势。

（2）缩剪拖地枝，便于冠下管理，减轻病虫害。

（3）缩剪主枝上过长的侧生枝，剪至花芽处或弱枝处。

3.树头修剪

（1）一般长势弱的树，容易形成下强上弱，下部枝粗、大、旺，上部枝细、小、弱。修剪要先疏除中下部 1 ～ 2 个较大的主枝，适当回缩中上部的小主枝，中心干延长头选留较旺的枝带头，均衡全树生长势。

（2）待结果后，树势缓和，可从树高 3m 处落头，剪口选留一个平斜的小枝。

4.剪锯口保护

剪锯口及时涂抹封剪油或拂兰克、果康宝等愈合剂，预防剪锯口失水，促进伤口愈合。

二、清理果园

树叶落完后，清扫落叶，清除枯枝、杂草、病僵果及剪枝、废弃物等，清出园外，集中烧毁或深埋，消灭越冬病菌虫卵。

三、树干涂白

还未涂白的果树，应按照 11 月的技术要领进行树干涂白，保护果树安全越冬，提高抗冻能力。

四、冬刮树皮

苹果树刮皮是冬季果园管理的一项重要措施，不仅有利于增强树势，而且可以消灭病菌及害虫，降低越冬基数，控制或减少来年一些病虫害的发生和危害，从而收到"不施农药，胜施农药"的防治效果。果树冬季刮皮，从果树落叶后至翌春发芽前都可进行，主要是刮除主干、主枝上的粗皮、翘皮。刮的程度以刮去浅褐色皮层见绿不见白为宜；刮皮时，要在树下铺一块塑料布，以收集刮下来的树皮、碎屑，并集中深埋或烧毁。对有腐烂病、干枯病的果树，刮皮后要涂抹石硫合剂等药剂进行防治。

五、果园冬灌

还未冬灌的果园，应按照 11 月的技术要领进行果园冬灌。

六、病虫防治

12 月是苹果腐烂病向树皮深层危害的关键期，应仔细检查，认真刮涂，及时涂抹 25% 金力士乳油或 3% 甲基硫菌灵糊剂或 843 康复剂等药剂治疗。

附录1　苹果矮化自根砧砧木苗繁育技术

1　范围

本文件规定了苹果组培苗的术语和定义、繁育要求、检测方法、包装和运输及贮藏，水平压条苗的术语定义、砧圃选择、建圃准备、母砧定植、水平压条、锯末生根、子砧收割、砧苗分级与贮运。

本文件适用于苹果组培苗及水平压条苗的繁育。

2　规范性引用文件

下列文件中的内容通过文中的规范性引用而构成本文件必不可少的条款。其中，注日期的引用文件，仅该日期对应的版本适用于本文件；不注日期的引用文件，其最新版本（包括所有的修改单）适用于本文件。

GB 6000—1999　主要造林树种苗木质量分级

GB 8370—2009　苹果苗木产地检疫规程

GB 15569—2009　农业植物调运检疫规程

NY 329—2006　苹果无病毒母本树和苗木

NY/T 2281—2012 苹果病毒检测技术规范

3　术语和定义

下列术语和定义适用于本文件。

3.1　外植体 explant

用于接种培养的各种离体的植物材料，包括胚胎材料、各种器官、组织、细胞及原生质体等。

3.2　脱毒 Detoxication

利用高温或超低温等方法，脱除植物病毒病的方法。

3.3 病毒检测 Virus detection

利用 RT-PCR 技术等方法检测植物病毒病。

3.4 苹果组培瓶苗 apple in vitro plantlet cultured in vessel

利用优良苹果砧木和品种的芽茎尖作为外植体，采用植物组织培养技术脱毒和病毒检测，并在培养容器中增殖、生根、培养且达到假植标准的脱毒苹果小植株。

3.5 苹果袋装苗 apple plantlet planted in culture bag

苹果瓶苗分级假植于装有营养土的特定规格塑料袋中可出圃供大田定植的苹果苗。

3.6 假植 temporary plant

从苹果瓶苗移于荫棚（苗圃）至袋装苗出圃之前的整个育苗过程。

3.7 继代培养 subculture

在外植体初次培养的基础上，把所获得的培养物转移到新鲜的培养基中进行再培养，使幼苗得以成倍增殖的过程，又称增殖培养。

3.8 品种纯度 purity of variety

指品种的种苗株数占供检种苗株数的百分率。

3.9 变异 variation

在组织培养过程中受培养基和培养条件等影响，培养出的苹果植株的遗传特性发生了明显变化，其形态上也显著表现出有别于原品种植株的特征。

3.10 砧木 rootstock

指嫁接繁殖时承受接穗的植株。

3.11 自根砧 self-rooted rootstock

由自身器官、组织体细胞所形成根系的砧木。

3.12 母砧 Mother stock

栽植在砧木繁育圃内用于扩大繁育砧木的母株。

3.13 子砧 Electronic Anvil

母砧萌发的新梢基部生根后与母砧分离形成的独立个体。

3.14　压条繁育 Layering propagation

采用水平压条方法，把母株和其上萌发的枝梢全部或部分压入土或木屑等介质中，促使枝梢基部形成不定根，再切离母株形成新的独立个体的繁殖方法。

3.15　矮化自根砧砧木苗 Dwarfing Rootstock seedling

通过母株压条、组织培养等方法繁育的矮化自根砧砧木苗。

3.16　矮化砧木繁育圃 Dwarfing stock nursery

繁育矮化砧木的苗圃。

4　组培砧木苗繁育

4.1　繁育要求

4.1.1　外植体采集与处理

4.1.1.1　采芽母本园

品种纯正、没有病虫害的采穗圃。

4.1.1.2　采芽母株

在 4.1.1.1 中选择农艺性状优良的植株作为采芽母株，逐株编号并脱毒。

4.1.1.3　无菌外植体

培养一个月后按照 4.2.1 检测病毒。经验证无病毒株的增殖芽用于增殖（继代）培养。有病毒株的增殖芽应全部焚烧销毁。

4.1.2　基本要求

4.1.2.1　瓶苗

种源来自品种纯正、优质高产的母本园或母株；品种纯度＞ 98%；无污染；继代培养不超过 15 代，时间不超过 12 个月；根系白、粗，且有分叉、侧根及根毛。

4.1.2.2　袋装苗

种苗来自品种纯正的瓶苗；品种纯度＞ 98%；叶色青绿不徒长，叶片无病斑或无病虫害；根系生长良好；无机械性损伤。

4.1.3　分级

在符合基本要求的前提下，产品分为一级和二级。苹果瓶苗的等级应符合表 1 的规定，苹果袋装苗的等级应符合表 2 的规定。

4.2　检测方法

表 1　苹果瓶苗分级指标

项目	等级	
	一级	二级
假茎粗 /cm	＞ 0.2	0.1 ~ 0.19
假茎高 /cm	≥ 3.5	1.0 ~ 2.5
展开叶片数 / 片	≥ 10	≥ 2
白色根 / 条	≥ 7	≥ 5

表 2　苹果袋装苗分级指标

项目	等级	
	一级	二级
叶片数 / 片	5 ~ 7	<5
假茎粗 /cm	≥ 1.0	0.5 ~ 0.9
叶片宽 /cm	≥ 3.0	2.0 ~ 2.9

4.2.1　病毒检测

用 RT-PCR 技术对脱毒后培养一个月的植株进行病毒检测。主要包括苹果褪绿叶斑病毒 (ACLSV)、苹果茎沟病毒 (ASGV)、苹果茎痘病毒 (ASPV)、苹果凹果类病毒 (ADFVD)、苹果锈果类病毒 (ASSVd)、苹果花叶病毒 (APMV)。

4.2.2　外观检测

4.2.2.1　瓶苗

4.2.2.1.1　目测法：用目测法检测污染情况、植株根系和假茎的生长情况。

4.2.2.1.2　假茎粗：用游标卡尺测量假茎基部以上 2cm 处的直径。

4.2.2.1.3　假茎高：用直尺测量从假茎基部至最新自然展开叶的叶柄与假茎交会处的高度。

4.2.2.1.4　叶片数：用直尺测量叶面宽度，记录最宽处大于等于 2cm 的自然展开叶的叶片数。

4.2.2.1.5　白色根：用直尺测量白色根长度，记录大于等于 2cm 长的白色根条数。

4.2.2.2　袋装苗

4.2.2.2.1　目测法：用目测法检测植株的生长情况、叶片颜色、病虫害和机械损伤。

4.2.2.2.2　叶片数：记录盒苗移栽后假植期间新长出的完整展开绿叶数。

4.2.2.2.3　假茎粗：用游标卡尺测量袋面以上 2cm 处的直径。

4.2.2.2.4　假茎高：用直尺测量从袋面至最新展开叶的叶柄与假茎交会处的高度。

4.2.2.2.5　叶片宽：用直尺测量最新展开叶中部最宽处。

4.2.2.3　数据记录

测量数据分别列表记录。

4.2.3　品种纯度检测

采用基因组测序法测出被检测的植株基因组序列，比对序列确定品种纯度。

4.2.4　变异率检测

根据基因组测序序列比对，确定变异株数。变异率按公式 (1) 计算：

$$Y=n/N\times 100\% \quad (1)$$

Y——变异率，单位为百分率 (%)；

n——样品中变异株数，单位为株；

N——所检样品总数，单位为株；

计算结果精确到小数点后一位；

将检测结果记入附录表格中。

4.2.5　疫情检测

按 GB 15569 的有关规定进行。

4.3　检验规则

4.3.1　组批

同一品种、同一批销售、调运的产品为一批检验。

4.3.2　抽样

4.3.2.1　组培盒苗

采用随机抽样法抽样。批量样品少于 10 瓶时，全部抽样；11 ～ 100 盒时，抽 10 瓶；超过 100 盒时，抽检方法按照 NY 329-2006 执行。

4.3.2.2　组培袋装苗

按 GB 6000—1999 中 4.1.1.2 的规定执行。

4.3.3　交收检验

每批种苗交收前，生产单位应进行交收检验。组培苗的检验在出厂时进行，袋装苗的检验在出圃时进行。交收检验内容包括外观、包装和标志等。检验合格并附检验证书和检疫部门颁发的检疫合格证书方可交收。

4.3.4　判定规则

同一批检验的一级组培苗中，允许有 5% 的苗低于一级苗指标，但应达到二级苗指标，超过此范围，则为二级苗；同一批检验的二级苗中，允许有 5% 的苗低于二级苗指标，但应达到 4.1.2 的要求；超过此范围则该批苗为不合格。

4.3.5　复验

当贸易双方对检验结果有异议时，应重新抽样复检一次，以复验结果为最终结果。

4.4　包装、标志、运输和贮存

4.4.1　包装

如需调运，袋装苗需用木箱或纸箱进行包装；袋装苗应用木箱、塑料箱等硬质包装箱包装。

4.4.2　标志

组培苗应附有标签。标签内容包括类型(袋装苗)、品种、检验证书编号、等级、数量（株数）、育苗单位、出厂（圃）日期。标签用150g的牛皮纸制成，标签孔用金属包边。

4.4.3 运输

按不同品种、级别装车。组培苗用冷藏车运输，并保持一定的湿度，装车时应小心轻放。

4.4.4 贮藏

出厂（圃）后应在当日装运，到达目的地后要立即卸车，并置于荫棚或阴凉处，及早进行定植。若有特殊情况无法及时假植或定植时，贮藏时间不应超过7d。贮藏时置于荫棚中，保持通风，袋装苗应注意喷水保持土柱湿润。

5 苹果水平压条砧木苗繁育

5.1 砧圃选择

选择无污染、交通便利、背风向阳、地势平坦及坡度小于5°的缓坡地块；排灌良好，沙壤土、壤土或轻黏壤土，土壤pH值6.0 ~ 6.8，土层深度≥ 80cm；10年内未繁育苹果、梨等仁果类及桃、李等核果类果苗，未种植同类果树。圃内无GB 8370—2009规定的检疫性病虫害及GB/T 12943—2007规定的病毒病。周边15m内无杨树、槐树、榆树等，500m内无苹果、梨等仁果类栽培，5km内无龙柏、塔柏、圆柏等桧柏林木。

5.2 建圃准备

5.2.1 土地平整

栽植前深耕耙磨土壤，深度5 ~ 80cm，地平，土碎，无石块等杂物。

5.2.2 土壤改良

施磷酸一铵50 ~ 100kg/667m^2，腐熟的农家肥4 ~ 5m^3/667m^2，辛硫磷颗粒剂1 ~ 1.5kg/667m^2，施后耕翻，肥土混合。

5.2.3 灌溉设施

苗圃地建设滴灌或喷灌等灌溉设施。

5.3 建立压条圃

5.3.1　母砧要求

选择≤ 5 年生砧木圃中带根系的无病毒砧木苗，不带 GB 8370—2009 规定的检疫性病虫害及 GB/T 12943—2007 规定的病毒病，高度≥ 60cm，根颈上 10cm 处粗度≥ 8cm，枝条充实，芽体饱满，根簇点数量≥ 3 个。砧木种类宜选用 M9 系、G 系、JM 系、B 系等。

5.3.2　栽前准备

按定植行向放线，沿行线挖 20 ～ 25cm 深的栽植沟。按母株砧干粗度、高度分级，剔除不合格植株。栽前将母砧根系在清水中浸泡 24 ～ 48h，浸泡液中加入多菌灵、甲氨基阿维菌素、苯甲酸盐等杀菌杀虫剂。

5.3.3　栽植时间

4 月上旬至中旬。

5.3.4　株行距

单行栽植，株行距 0.25 ～ 0.35m×1.5 ～ 2.0m；大小行栽植，小行距 1.5 ～ 2.0m，大行距 2 ～ 3m，株距 0.3m。

5.3.5　栽植

沿栽植沟栽植，母株倾斜与地面夹角 30° ～ 45°，栽植深度 20 ～ 25cm。栽后踏实沟内土壤，6h 内灌透水。栽植沟培土面低于地面 10cm。

5.4　**栽后管理**

5.4.1　浇水

栽后 3d 浇第 2 次水，以后定期浇水，土壤含水量保持在 60% ～ 80%。

5.4.2　病虫防治

生长季每月喷施杀虫杀菌剂 1 ～ 2 次。杀菌剂选用 800 倍多菌灵等，杀虫剂选用 2000 倍甲氨基阿维菌素、苯甲酸盐等。

5.4.3　施肥

生长季施复合肥 2 ～ 3 次，单次施肥量 20 ～ 30kg/667m^2。

5.4.4　除草

杂草高度 2 ~ 5cm 时，喷烟嘧磺隆、敌草快、草铵膦等除草剂或人工除草。杂草高度> 5cm，人工或机械除草。

5.5 水平压条

5.5.1 时间

当年新梢停长后 10 月中下旬至 11 月上旬进行压条。

5.5.2 修剪

压条前剪去梢部不充实部分及长势弱、生长方向与压条方向相反的分枝，剪留基部 3 ~ 5cm。

5.5.3 压条

沿行压倒第 1 株母砧，将其梢部压在第 2 株母砧的基部下，用 25 ~ 30cm 长的竹签交叉插入土壤固定第 1 株母砧。再将第 2 株母砧梢压在第 3 株母砧的基部下并固定，以此类推，将母砧及其上新梢全部压倒固定。

5.5.4 病虫害防治

水平压条后苗圃喷施 1 次杀菌剂、杀虫剂。杀菌剂选用 800 倍多菌灵等，杀虫剂选用 2000 倍甲氨基阿维菌素、苯甲酸盐等。

5.5.5 覆土

用细土将裸露在地表的根系覆盖，但不可完全将砧木埋实。灌封冻水。

5.6 覆盖生根

5.6.1 覆盖物

锯末作为覆盖物。锯末用阔叶类原木屑，不用含油漆、胶化等化工成分的木屑及苹果、梨等仁果类的木屑。锯末须经发酵后使用。

5.6.2 覆盖

第二年子砧长至 25 ~ 30cm 时进行首次覆盖，锯末填满子株根际空隙，厚度 10 ~ 15cm，覆盖后及时滴（喷）水，保持覆盖物湿度。子梢高度分别达到 40 ~ 45cm、50 ~ 55cm 时进行第 2 次、第 3 次覆盖锯末，覆盖物厚度每次 10 ~ 15cm，3 次覆盖物厚度累积 30 ~ 45cm。

5.6.3　水肥管理

覆盖后持续滴（喷）灌，水分渗透覆盖物。以后定期滴（喷）灌，始终保持覆盖物相对含水量在 60% ～ 80% 之间。覆锯末之前及苗木高度 10 ～ 15cm 时分别施复合肥 1 次，施肥量 $10kg/667m^2$，施肥后浇水。

5.6.4　病虫害防治

主要病虫害有蚜虫、红蜘蛛、顶梢卷叶蛾、金龟子、落叶病、锈病等，喷布吡虫啉、甲维·灭幼脲、戊唑醇、甲基硫菌灵等药剂防治。

5.6.5　疏除二次枝

疏除子砧上 50cm 以下的二次枝。

5.7　子砧收获

5.7.1　时间

叶片脱落后至土壤封冻前收获子砧。对未正常脱落的叶片，喷布铜制剂促进落叶。

5.7.2　方法

扒开覆盖物，露出子砧根系，用长柄剪或其他切割工具距子砧基部 1 ～ 2cm 剪断，或利用砧苗切割收获机切割子砧。

5.7.3　越冬管理

子砧收获后，在母砧上覆盖 5 ～ 10cm 的锯末，浇灌防冻水，渗透覆盖物。翌年春季土壤解冻后，清理覆盖物，促使母砧萌发新梢继续繁育子砧。

5.7.4　病毒检测

每年对苹果砧苗进行检测，若发现病毒植株立即清除。

5.8　子砧苗分级与贮运

5.8.1　分级

按照《旱区苹果矮化自根砧苗木质量要求》进行分级。

5.8.2　整理

子砧苗下端对齐，上端剪留长度 50cm，整理成 50 株一捆，每捆挂上标签。标签上注明砧木品种、规格、采收日期、操作人员、是否脱毒、生产单位、商标及追溯等信息。

5.8.3　贮运

将子砧苗捆装箱，根部填入湿锯末保湿，周围用塑料膜密闭，存放在冷库中。存储期间，温度保持在 0.5 ~ 1.5℃之间，相对湿度≥ 95%，贮藏期限≤ 6 个月。子砧苗不宜与释放乙烯气体的产品混放。运输过程中采取保湿措施，防止重压、暴晒、风干、雨淋、冻害等损坏。

5.8.4　调运检疫

子砧苗调运按 GB 15569—2009 规定执行；产地检疫按 GB 8370—2009 规定执行；苗木病毒检测按 NY/T 2281—2012 规定执行。

附录 2　苹果矮化自根砧带分枝壮苗培育技术规程

1　范围

本文件规定了苹果矮化自根砧带分枝壮苗培育技术的圃地选择、土地准备、苗木定植、壮苗培育等要求。

本文件适用于苹果矮化自根砧带分枝壮苗繁育。

2　规范性引用文件

下列文件中的内容通过文中的规范性引用而构成本文件必不可少的条款。其中，注日期的引用文件，仅该日期对应的版本适用于本文件；不注日期的引用文件，其最新版本（包括所有的修改单）适用于本文件。

GB 3095—2012　环境空气质量标准

GB 4285—1989　农药安全使用标准

GB 5084—2021　农田灌溉水质标准

GB/T 12943—2007　苹果无病毒母本树和苗木检疫规程

GB 15618—2008　土壤环境质量标准

NY/T 1085—2006　苹果苗木繁育技术规程

3　圃地选择

3.1　生态环境

苗圃地生态环境符合 GB 3095—2012 的规定。圃地周边 500m 内无苹果树、梨树等仁果类以及桃、李等核果类果树苗木，且未种植过同类果树，周边 5km 内无龙柏、塔柏等桧柏类林木。

3.2　气候条件

年平均温度在 8.5 ～ 15℃，无霜期 180d 以上，年降雨 500mm 以上，海拔高度 1300m 以下。并符合 NY/T 1085-2006 的规定。

3.3 水质要求

应符合 GB 5084—2021 的规定，水源充足，日供水量不低于 5 ～ 6m^3/667m^2。

3.4 病虫害

圃地应符合 GB/T 12943—91 的规定。圃内无苹果蠹蛾、苹果黑星病、苹果绵蚜、美国白蛾、李属坏死环斑花叶病毒等。

4 土地平整及规划

4.1 土地整理

定植前一年秋季或当年春季，依据种植小区的地形地势情况，对土地进行深耕整理，做到细致深翻平整，地平、土碎、无草根、无石块。

4.2 土壤改良

结合土地整理，根据土壤条件施足底肥。施磷酸一铵或磷酸二铵 30 ～ 80kg/667m^2，腐熟的牛粪 3 ～ 5m^3/667m^2，同时施入噻唑磷、辛硫磷颗粒剂等杀虫剂。施肥后再次耕深 50 ～ 80cm，使肥料与土壤充分混合。

4.3 种植规划

4.3.1 规划要求

根据地形、地势特点和繁育任务的大小，合理规划；并根据繁育品种，适当划分小区，绘制平面图，防止品种混乱。

4.3.2 种植行向

根据地块形状，综合考虑土地利用率等多重因素确定，一般选择南北向。

4.3.3 株行距

按 0.3 ～ 0.4m×0.6 ～ 0.8m 规划放线。

4.3.4 灌排系统

建设水电、路渠，配备必要的滴灌、喷灌、管灌及水肥一体化设施。

应加强排水系统的建设，确保汛期能够及时排除田间积水。

4.3.5 道路

根据生产规模和机械作业要求，合理规划田间作业道路，地头和田间作业道路的宽度为 4 ～ 6m。

5 砧木苗嫁接

5.1 砧木苗选择

选择茎高度（砧木苗木高度）60 ～ 80cm、茎粗度（砧木根茎部位以上 40cm ± 5cm 处的直径）0.8 ～ 1.2cm、根系发达且无病毒优质自根砧砧木苗。

5.2 接穗选择

选择品种纯正、生长健壮、芽体饱满，无检疫性病虫害的穗条。

5.3 嫁接

上年冬季 11 月至当年春季 4 月上旬在室内完成嫁接，或者当年 3 ～ 4 月在定植砧木苗的培育圃完成嫁接，形成芽苗。嫁接方法可以采用带木质芽接或双舌枝接，嫁接位置在自根砧苗地面根颈处以上的 40cm ± 5cm 处。

6 1年生分枝苗培育

6.1 定植

3 月中旬至 4 月上旬（地温 10℃以上）将芽苗栽植于苗圃。栽植株行距 0.3 ～ 0.4m×0.6 ～ 0.8m，栽植深度 20cm 左右。栽植后埋土踏实，浇 1 次透水。

6.2 定植后管理

6.2.1 检查成活

栽后 15d 左右检查成活情况。芽体和芽片呈新鲜状态，嫁接成活；芽体变黑，未接活。未成活的及时补接。

6.2.2 剪砧解绑

接芽成活后剪砧，剪刀刃迎向接芽一面，剪口在接芽上方 0.5 ～ 1.0cm 处，并向接芽背面稍微下斜。解绑可与剪砧同时进行。

6.2.3 除花

接穗萌芽后有花蕾长出时，在花序分离期剪除花朵。

6.2.4 除蘖

当接穗顶梢生长至 20 ~ 30cm 时，去除萌蘖和其他萌芽，只保留一个直立生长的新梢。全年需除蘖 2 ~ 3 次。

6.2.5 插立杆

接芽长至 30cm 时，在苗木同一侧插立杆，主要有竹竿、钢筋或玻璃纤维棒等，其中立杆粗度 8mm、高度 1.4m。立杆要靠近植株，入土深度 20 ~ 30cm。

6.2.6 绑扎带

新梢生长至 30cm 时，进行第一次绑扎，可采用多功能绑蔓机等把新梢直立绑扎到立杆上，绑扎时避免新枝从萌芽处折断。以后每生长 30 ~ 40cm 绑扎 1 次，共需绑扎 3 ~ 4 次。

6.2.7 水肥管理

6.2.7.1 水分管理

定植后的土壤含水量保持在 60% ~ 80%，灌溉水应符合 GB 5084—2021 的规定。

6.2.7.2 施肥管理

全年土壤追肥 2 ~ 3 次，第一次在萌芽期，最后一次在 7 月初，每次施尿素 10kg/667m^2；年内喷施 1.0% ~ 1.5% 尿素、1.0% ~ 1.5% 硫酸钾等叶面肥 2 ~ 6 次。

6.2.8 病虫草害防控

6.2.8.1 病虫防治

重点防治苹果绿盲蝽、蚜虫、棉铃虫、干腐病等病虫害。萌芽期至 5 月下旬每周喷药 1 次；6 月上旬至 9 月上旬，每 10 ~ 14d 喷药 1 次；9 月中旬后需防治大青叶蝉等 1 ~ 2 次。杀虫剂选择吡虫啉、定虫脒、氯虫笨甲酰胺等，杀菌剂选择多菌灵、甲基托布津等。

6.2.8.2 清除杂草

应采用人工或机械除草，也可采用覆盖等方法除草。

7 2年生带分枝苗木培育

7.1 定干

对1年生无分枝壮苗，于当年春季萌芽前，在苗木高度70cm（即嫁接口上方50cm）饱满芽处剪截定干。保留主干上的第一芽直立生长，自然生长发育成2年生带分枝苗木。

7.2 除萌

苗木发芽后，保持剪口下第一芽直立生长，其下的芽全部抹除。当剪口第一芽生长至15 ~ 20cm时，可辅助采取促分枝技术措施。

7.3 绑扎带

同6.2.6。

7.4 水肥管理

以复合肥为主，撒施。单次施肥量10 ~ 15kg/667m^2，全年共2次。全年宜施叶面肥2 ~ 6次，同第一年6.2.7。

7.5 病虫草害防控

同6.2.8。

7.6 促分枝

7.6.1 剪（掐）顶叶

圃内春季栽植的苗木（芽苗），当剪口芽萌发的新梢（主梢）长至离地面70cm时，剪（掐）处理顶叶。用左手拇指和食指收拢顶部新萌发的全部幼叶，保持拇指甲盖略高于新梢生长点，用右手拇指甲或专用剪刀，剪（掐）掉露上部叶片。此后每生长15 ~ 20cm剪（掐）1次，一般7 ~ 10d，连做4 ~ 6次，若新梢叶片展出较快则操作时间缩短至3 ~ 5d剪（掐）1次。

7.6.2 喷施生长调节剂

7.6.3 喷布 6BA+ 赤霉素

剪口芽抽生的新梢（主梢）长至 70cm 时，用 6BA50% 和赤霉素 50%，浓度为 0.1% ~ 0.25%，加 8000 倍展着剂，喷新梢顶部幼嫩梢叶，至顶部湿匀有液滴下滴为止。间隔 10d 喷布 2 次，常与剪除幼叶或喷布 6-BA 结合使用。

7.6.4 喷布 6- 苄氨基腺嘌呤（6-BA）

当剪口芽抽生的新梢（主梢）长至离地面 70cm 时，在环境温度 25 ~ 29℃时，喷布 6- 苄氨基腺嘌呤（6-BA），浓度为 0.1% ~ 0.2%，加 8000 倍展着剂。喷洒新梢顶端幼嫩梢叶，单株耗药量 3 ~ 5mL，每周 1 次，连喷 3 ~ 4 次。喷 1 ~ 2 次后，可与剪除幼叶相结合操作。

7.6.5 分枝管理

在整个生长季节，适时开张二次分枝的角度，防止长势过旺和加粗生长过快，促进部分二次枝梢形成花芽。

7.7 标识及出圃

7.7.1 标识

苗圃内设置清晰牢固的标识牌，标明砧木和品种名称、接穗品种来源、脱毒情况、定植时间等信息，避免品种收获时造成混杂。

7.7.2 出圃

出圃按照《旱区苹果矮化自根砧带分枝壮苗培育技术规程》执行。

附录3　旱区苹果矮化自根砧苗木质量要

1　范围

本文件规定了苹果矮化自根砧苗木的质量要求、检疫检验、包装、标签、贮藏及运输要求。

本文件适用于苹果矮化自根砧的1年生砧木苗和2年生或3年生成品带分枝壮苗。

2　规范性引用文件

下列文件中的内容通过文中的规范性引用而构成本文件必不可少的条款。其中，注日期的引用文件，仅该日期对应的版本适用于本文件；不注日期的引用文件，其最新版本（包括所有的修改单）适用于本文件。

GB 8370—2009 苹果苗木产地检疫规程

GB 15569—2009 农业植物调运检疫规程

NY 328—1997 苹果无病毒苗木

3　术语和定义

下列术语和定义适用于本文件。

3.1　矮化自根砧 plant with self-rooting dwarfstock

通过母株压条、组织培养、新梢扦插等方法繁育的矮化自根砧木。

3.2　矮化自根砧苹果苗 plant with self - rooting dwarfstock of apple nursery

矮化自根砧苗舌接、芽接苹果品种后，培育而成的苹果苗。

3.3　2年或3年生苹果矮化自根砧带分枝壮苗 apple dwarfing rootstock with branches strong seedlings of two-or three-year-old

矮化自根砧苹果苗嫁接苹果品种后，经过 2 个或 3 个生长季节的生长发育，培育出圃的矮化自根砧带分枝壮苗。

3.4 检疫对象 quarantine target

国家检疫对象有美国蠹蛾和美国白蛾。

3.5 接合部 conjunction part

矮化自根砧砧木上嫁接品种的位置。

3.6 砧桩剪口 cutting wound of stock

矮化自根砧嫁接口上部剪除砧段后留下的伤口。

3.7 侧根 lateral root

矮化自根砧地下茎段上直接长出的根系。

3.8 侧根粗度 diameter of lateral root

侧根基部 2cm 处的直径。

3.9 侧根长度 length of lateral root

侧根基部至先端的长度。

3.10 砧段长度 length of rootstock

矮化自根砧砧木地表至品种嫁接口的距离。

3.11 茎粗度 diameter of nursery plant

矮化自根砧砧木苗根系向上 25cm 处的直径；成品带分枝壮苗品种嫁接口以上 10cm 处的直径。

3.12 茎倾斜度 diameter of nursery plant

矮化自根砧品种嫁接口上下茎段之间的倾斜角度。

3.13 整形带 shaping strip

苗木地面以上 70 ~ 120cm 的范围。

3.14 根皮及茎皮损伤 injury of Root Bark and stem bark

自然、人为、机械、病虫造成的根皮和茎皮的损伤。

3.15 整形带分枝数量 branch number of shaping strip

苗木整形带内分生的枝条数量。

4 质量要求

矮化自根砧砧木苗共分三级，等级规格指标详见表1。其中一级、二级砧木苗冬季在室内舌接或春季带木质芽接；三级砧木苗春季栽植后夏季芽接。矮化自根砧成品带分枝壮苗共分三级，等级规格指标见表2。

表1 苹果矮化自根砧砧木苗规格指标

<table>
<tr><th colspan="2" rowspan="2">项 目</th><th colspan="3">级别</th></tr>
<tr><th>一级</th><th>二级</th><th>三级</th></tr>
<tr><td colspan="2">砧木类型</td><td colspan="3">纯正</td></tr>
<tr><td rowspan="4">根</td><td>侧根数量</td><td>12条以上</td><td>8条以上</td><td>5条以上</td></tr>
<tr><td>侧根基部粗度</td><td>0.10cm以上</td><td>0.06cm以上</td><td>0.03cm以上</td></tr>
<tr><td>侧根长度</td><td colspan="3">10cm以上</td></tr>
<tr><td>侧根分布</td><td colspan="3">均匀、舒展而不卷曲</td></tr>
<tr><td rowspan="2">茎</td><td>高度</td><td>50cm以上</td><td>50cm以上</td><td>30cm以上</td></tr>
<tr><td>粗度</td><td>1.0 ~ 1.3cm</td><td>0.8 ~ 1.0cm</td><td>0.5 ~ 0.8cm</td></tr>
</table>

表2 苹果矮化自根砧成品壮苗规格指标

<table>
<tr><th colspan="2" rowspan="2">项 目</th><th colspan="3">级别</th></tr>
<tr><th>一级</th><th>二级</th><th>三级</th></tr>
<tr><td colspan="2">品种与砧木类型</td><td colspan="3">纯正</td></tr>
<tr><td rowspan="4">根</td><td>侧根数量</td><td>20条以上</td><td>15条以上</td><td>10条以上</td></tr>
<tr><td>侧根基部粗度</td><td>0.30cm以上</td><td>0.25cm以上</td><td>0.20cm以上</td></tr>
<tr><td>侧根长度</td><td colspan="3">20cm以上</td></tr>
<tr><td>侧根分布</td><td colspan="3">均匀、舒展而不卷曲</td></tr>
<tr><td rowspan="4">茎</td><td>砧段长度</td><td colspan="3">20 ~ 25cm</td></tr>
<tr><td>高度</td><td>180cm以上</td><td>150cm以上</td><td>100cm以上</td></tr>
<tr><td>粗度</td><td>1.5cm以上</td><td>1.2cm以上</td><td>1.0cm以上</td></tr>
<tr><td>倾斜度</td><td colspan="3">15度以下</td></tr>
<tr><td rowspan="2">整形带内分枝</td><td>分枝长度</td><td colspan="3">10 ~ 60cm</td></tr>
<tr><td>分枝数量</td><td>12个以上</td><td>8个以上</td><td>4个以上</td></tr>
<tr><td colspan="2">根皮与茎皮</td><td colspan="3">无干缩皱皮；无新损伤处；老损伤处总面积不超过1.00cm²</td></tr>
<tr><td colspan="2">接合部愈合程度</td><td colspan="3">愈合良好</td></tr>
<tr><td colspan="2">砧桩处理与愈合程度</td><td colspan="3">砧桩剪除，剪口环状愈合或完全愈合</td></tr>
</table>

5 检验方法

5.1 检验批次

一次出圃的、品种和砧木相同的苹果自根砧砧木苗或成品带分枝壮苗为一个检验批次。

5.2 检验方法

5.2.1 砧木类型或苹果品种，根据砧木或品种的植物学特性检验。

5.2.2 损伤处测量，用透明塑料薄膜覆盖伤口绘出面积，再复印到小方格纸上计算总面积。

5.2.3 侧根粗度、茎粗度用游标卡尺测量。

5.2.4 侧根长度、砧段长度和茎高度用钢卷尺测量。

5.2.5 茎倾斜度用量角器和钢卷尺测量。

5.2.6 病毒病检测按照 NY 329 的规定执行。主要检测苹果绿皱果病毒、苹果锈果类病毒、苹果花叶病毒、苹果褪绿叶斑病毒、苹果茎痘病毒和苹果茎沟病毒。

6 检验规则

6.1 苗木检验限在苗圃中，采用随机抽样的方法进行。

6.2 苗木检疫证书的签发应符合 GB 8370 的规定。凡有检疫对象和应控制的病虫害苗木，应严格封锁，不得外运。

7 苗木贮藏、包装、运输

7.1 苗木贮藏

起苗后，不立即运输或不立即栽植的，短期应假植。假植沟要选在背风、向阳、干燥处，沟宽 50 ~ 100cm，沟深、沟长分别视苗高和苗量确定。沟底铺湿沙或湿润细土 10cm，苗木斜立于假植沟内，填入湿沙或湿润细土，使苗根、茎与沙、土密接，地表填土呈锥形。贮藏时间较长的，应在冷库贮藏，库温 0 ~ 1℃，湿度 95% 以上，保持湿润和库面潮湿，但不宜结冰。无病毒苗木应选择尚未贮藏过苹果的新建冷库。

7.2　苗木包装

苗木运输前，宜用稻草、草帘、蒲包、麻袋和草绳等包裹绑牢。砧木苗50株/包，成品带分枝壮苗10～20株/包，包内苗根和苗茎要填充保湿材料。包装应附有标签，标示：砧木、品种、等级、数量等。

7.3　苗木运输

运输时，应持有质量合格证及苗木检疫证书。运输中应覆盖做好防雨、防冻、防干措施。长途运输应及时补充水分。到达目的地后，成品带分枝壮苗应尽快定植或假植、冷库贮藏；砧木苗应及时嫁接或冷库贮存。

附录4　苹果矮化自根砧建园立架及滴灌设施布设技术规程

1　范围

本文件规定了苹果矮化自根砧建园立架及滴灌设施布设技术的术语和定义、架设材料、立架支撑系统的建设、检查维护，滴灌设施组成、基本要求、配置标准。

本文件适用于矮化自根砧苹果园立架及滴灌设施布设。

2　规范性引用文件

下列文件中的内容通过文中的规范性引用而构成本文件必不可少的条款。其中，注日期的引用文件，仅该日期对应的版本适用于本文件；不注日期的引用文件，其最新版本（包括所有的修改单）适用于本文件。

GB/T 700—2006　碳素结构钢

GB/T 3428—2012　架空绞线用镀锌钢线

GB 5084　农田灌溉水质标准

GB/T 20118—2017　钢丝绳通用技术条件

GB/T 50107—2010　混凝土强度检验评定标准

GB 50288—2018　灌溉与排水工程技术标准

GB/T 50363—2018　节水灌溉工程技术标准

GB/T 50485—2020　微灌工程技术标准

YB/T 5004　镀锌钢绞线

3　术语和定义

下列术语和定义适用于本文件。

3.1　钢丝 steel wire

架设在水泥柱上的纵向拉丝，用来固定果树。

3.2　地锚 ground anchor

在行头、行尾以及边行处埋在地底下的承受力大于 3t 的，带有金属拉杆的旋转式金属片或水泥墩子，与钢丝绳连接，用来固定水泥柱。

3.3　钢丝绳 wire rope

连接地锚和行头柱的断裂强度大于 3t 的斜向拉线，也叫地锚拉线。

3.4　钢丝拉环 wire ring

用于固定钢丝与水泥柱的环形钩状钢丝，活接头，方便钢丝的预紧。

3.5　抱箍 hoop hoop

用于行头柱固定地锚拉线。

3.6　钢丝绳卡头 wire rope clamp

捆住钢丝绳，用来固定钢丝绳，保证其不松动，也叫 U 形卡头。

3.7　行间张紧器 interline tensioner

热镀锌金属器件，可调节钢丝强度，方便紧固钢丝。

3.8　地锚张紧器 anchor tensioner

热镀锌金属器件，地锚拉线和地锚通过张紧器固定，便于地锚拉线进行紧固。

3.9　输配水管网 water distribution network

将首部枢纽处理过的水或肥液，按照要求输送、分配到每个灌水单元和灌水器的管道运输系统，包括干、支管和毛管三级管道，毛管是最末一级管道，其上安装或连接灌水器。

3.10　灌水器 emitters

直接施水的设备，其作用是消减压力，将水流变为水滴或细流或喷洒状施入土壤。

3.11　监测系统 monitoring System

常规的监测系统有土壤张力计、土壤湿度计、气象站等，种植者可以基于采集到的数据更合理地制定灌溉施肥计划。

4 架设材料及规格

4.1 水泥柱

使用预应力水泥立柱，行头柱截面尺寸为 9cm×9.5cm，内含预应力钢绞线 6 根（每股钢绞线由 3 根预应力钢丝组成）；中间柱截面尺寸为 7cm×7.5cm，内含预应力钢绞线 4 根（每股钢绞线由 3 根预应力钢丝组成）。水泥标号 42.5R，混凝土强度要求≥ C45。

4.2 钢丝

55# 钢硬线（含碳量 0.55%），抗拉强度≥ 1370MPa，直径 2.6mm，表面镀锌量＞ 200g/m^2。

4.3 钢丝绳

直径 8mm，断裂强度＞ 3t 力（即＞ 30kN），按照 GB 8918 执行。

4.4 地锚

要求＞ 3t 承受力，即在 3t 拉力情况下地锚不能被拉出，且地锚系统的配件不得损坏，地锚埋深 1.5m，使用年限为 30 年。地锚有 2 类，一类为船型地锚石 + 地锚拉线，地锚石规格为 20cm×50cm×15cm，拉杆规格为 12mm 镀锌，要求平焊（重叠至少 5cm）或麻花焊，拉杆方向与地锚拉线在同一条直线上；另一类为螺旋地锚，由带齿圆盘（直径 30cm）+ 螺纹钢筋（直径 26mm）组成。

4.5 钢丝拉环

直径 2.4mm，表面镀锌量＞ 200g/m^2。

4.6 钢丝绳卡头

根据 GB 5976 执行，采用 8 号卡头，同时要求钢丝绳两个卡头之间的间距为 20mm，并保证有至少 20cm 的长度预留。

4.7 张紧器

热镀锌处理，表面镀锌量＞ 200g/m^2。

5　立架安装建设

5.1　水泥柱

水泥柱高 4.1m，埋入地下≥ 0.8m。行头柱、边柱栽植时外偏于行向且与地面成 75° ~ 80°夹角，中间柱栽植时垂直于地面，同一种植行内柱间距 9m，两行间间距为种植行距，所有水泥柱必须呈一条直线。

5.2　地锚安装

地锚安装位置为距边柱埋入点 1.5 ~ 2m，埋入土中深度为 1.5m，安装步骤为：先将两套抱箍分别安装在行头柱 1.8m 和 3.2m 高度处，用钢丝绳将地锚和抱箍连接，地锚端使用地锚张紧器，抱箍端通过钢丝绳缠绕后用两个卡头固定，间距 20cm，并留 20cm 长度便于以后调节。最后在地锚拉线上安装贴有反光贴的塑料管（内径＞ 10mm）。

行长超过 200m 的种植行，尽可能地将每一段控制在 200m 左右，且增加隔断地锚，减轻边柱受力。

5.3　拉钢丝

种植行钢丝设置 7 道，从地面往上分别为：距离地面 0.4m（钢丝为滴灌管的高度）、0.8m、1.3m、1.8m、2.3m、2.8m、3.2m；每道钢丝与水泥柱通过钢丝拉环连接。钢丝末端与行间张紧器相连，钢丝与水泥同侧且常年迎风方向上。

5.4　检查维护

每年在果树休眠期和生长季大风、大雨之后立即检查立架是否完好无损，一旦出现水泥柱倾斜破损、钢丝及钢丝绳松动等情况，应及时维护。维护内容包括水泥柱矫正归位、紧钢丝和钢丝绳，更换破损部件等。

6　滴灌设施

6.1　基本要求

6.1.1　连续灌溉，设计灌溉的日工作时间不超过 22h，灌溉深度达 60cm。

6.1.2　采用 2 级过滤系统，过滤器类型及大小符合当地水质情况及系统流量。

6.1.3　主管承压不低于 1.0MPa，支管承压不低于 0.6MPa，同时要考虑地形落差造成的压力。

6.1.4　滴灌管厚度≥ 1.0mm，滴头间距 30 ~ 50cm，单滴头流量 1.0 ~ 3.0L/h，均匀度达到 95% 以上。

6.2　配置指标及要求

6.2.1　配置指标

按照表 1 执行。

表 1　滴灌设施配置指标

<table>
<tr><th rowspan="2">类别</th><th colspan="5">设备要求</th><th rowspan="2">技术培训</th></tr>
<tr><th>名称</th><th>推荐品牌</th><th>规格型号</th><th>数量</th><th>使用年限</th></tr>
<tr><td rowspan="8">首部枢纽</td><td>进水管</td><td>无要求</td><td>铁管加防锈漆</td><td>根据实际距离</td><td rowspan="2">30 年以上</td><td>保养、基本维修</td></tr>
<tr><td>水 泵</td><td>尽量统一</td><td>离心泵；供水量要满足每天工作 10 h，轮灌周期要在 3d 内，灌溉深度达 40cm</td><td>根据供水量确定，另加 1 台备用</td><td rowspan="2">规范操作、保养及基本维修</td></tr>
<tr><td>变频柜</td><td>尽量统一</td><td>根据系统功率确定</td><td>1 台</td><td>15 年以上</td></tr>
<tr><td>中央控制系统</td><td>尽量统一</td><td>智能操控滴灌系统；连接气象站、土壤温湿度测定仪；配备手持控制器</td><td>1 台</td><td>15 年以上</td><td>系统功能、操作流程及基本维修</td></tr>
<tr><td>一级过滤器</td><td>尽量统一</td><td>砂石或离心过滤器；自动反冲洗；流量满足系统流量</td><td>至少 2 台</td><td>15 年以上</td><td rowspan="3">保养、规范操作及基本维修</td></tr>
<tr><td>二级过滤</td><td>选择国外品牌</td><td>叠片式过滤器；自动反冲洗；流量满足系统流量</td><td>根据系统流量确定</td><td>15 年以上</td></tr>
<tr><td>肥料搅拌器</td><td>无要求</td><td>总容量≥ 3m^3，带有搅拌电机</td><td>至少 1 台</td><td>15 年以上</td></tr>
<tr><td>施肥泵</td><td>尽量统一</td><td>流量可调控，最大流量≥ 2m^3/h</td><td>1 台</td><td>15 年以上</td><td>功能、保养及基本维修</td></tr>
</table>

续表

类别	设备要求					技术培训
	名称	推荐品牌	规格型号	数量	使用年限	
输水通道	电磁阀	Bermad	根据管道设计	根据地块面积	15 年以上	使用、保养及基本维修
	主管、支管	台塑	管径根据系统设计	根据地块面积	30 年以上	保养及基本维修
	滴灌管	尽量统一	压力补偿型	根据地块面积	10 年以上	使用、保养及基本维修
附属设备	土壤温湿度测定仪	尽量统一	3 项指标（温度、湿度、EC），独立工作，实时监控，储存并远程传输数据	1 台	15 年以上	
	气象站	尽量统一	6 项指标（温度、湿度、风向、风速、降雨量、太阳辐射）；独立工作，实时监控，储存并远程传输数据	1 台	15 年以上	

6.2.2　要求

所有设备保质期要求在 3 年以上；除附属设备之外，其余均要求在苗木栽植前完工，且施工质量要符合 GB/T 50485—2020；工程验收要求符合 GB/T 50769—2012。

附录 5　旱区苹果矮化自根砧苗木

1　范围

本文件规定了苹果矮化自根砧苗木培育园地的选择与规划、苗木培育管理要求。

本文件适用于苹果矮化自根砧苗木的果园设计与建设。

2　规范性引用文件

下列文件中的内容通过文中的规范性引用而构成本文件必不可少的条款。其中，注日期的引用文件，仅该日期对应的版本适用于本文件；不注日期的引用文件，其最新版本（包括所有的修改单）适用于本文件。

GB 3095—2012 环境空气质量标准

GB 5084—2021 农田灌溉水质标准

GB 9847—2003 苹果苗木

GB 15618—2008 土壤环境质量标准

GB/T XXXX-20XX　旱区苹果自根砧苗木质量要求

GB/T XXXX-20XX　旱区苹果矮化自根砧建园立架及滴灌设施建设技术规程

3　园地选择与规划

3.1　园地环境

园地土壤环境质量符合 GB 15618 的规定，灌溉水水质符合 GB 5084 的规定，环境空气质量符合 GB 3095 的规定。

3.2 园地选择

3.2.1 生态气候条件

应达到表1的要求。

表1 园地生态及气候指标

项 目	指 标
海拔高度/m	西北旱区800～1800；西南旱区云南昭通、四川盐源、西藏山南、林芝高原2000～3800
年日照时数/h	2200～2800
无霜期/d	≥170
年平均降雨量/mm	450～750
年平均气温/℃	8～13
年极端最低气温/℃	≥–25
年≥35℃气温的日数/d	≤6
6～9月平均最低气温/℃	15～18
生长季节昼夜温差/℃	≥10

3.2.2 土壤条件

详见表2。其中有机苹果生产土壤条件要达到二级以上。土层深厚，地下水位在1.5m以下。

表2 土壤条件指标

土壤等级	有机质/（g/kg）	全氮/（g/kg）	有效磷/（mg/kg）	速效钾/（mg/kg）
一等	>15	>1.0	>10	>120
二等	10～15	0.8～1.0	5～10	80～120
三等	>8	>0.6	>3	>60

3.2.3 地形地势

坡度低于15°。坡度在6°～15°的山区、丘陵，应选择背风向阳的南坡，并修筑梯田。

3.3 园地规划

平地、滩地和6°以下的缓坡地，栽植行南北向。6°～15°的坡地，栽植行沿等高线延长。配备排灌设施和建筑物。有风害地区，应营造防风林。

3.4 设立支架

参照（旱区苹果矮化自根砧建园立架及滴灌设施建设技术规程）执行。

3.5 品种和砧木选择

品种和砧木的选择，应以区域化和良种化为基础，选择符合旱区苹果自根砧苗木质量要求的规定，适合当地自然条件的优良品种和适宜砧木，分级栽植。不同区域自根砧选择见表3。

表3 旱区苹果矮化自根砧选择方案

栽培区域	肥水条件	自根砧选择
陕西的宝鸡、咸阳、铜川及延安南部；甘肃的平凉、庆阳、陇南；山西的运城、临汾等	年均降雨量550mm以上；年极端低温-23℃以上（近20年气象资料）；有简易滴灌或保墒措施	M9、M9-T337、M26、B9、G935、CL426等自根砧
陕西的延安北部、榆林；甘肃的中部；宁夏、青海、新疆及山西中北部等	年均降雨量500mm以上（降水量不够，有补水条件）；年极端低温-25℃以上（近20年气象资料）	SH、G935、CL426等自根砧

4 栽植要求

4.1 栽植前准备

4.1.1 苗木

矮化自根砧苗木贮藏温度0～1℃，湿度95%以上。

4.1.2 栽植地

栽植前应按照园地规划完成苗木栽植地块的土地平整、土壤改良、定点、放线。

4.1.3 灌溉设备

灌溉水资源充足，灌溉设备应到位。灌溉设备参照《旱区苹果矮化自根砧建园立架及滴灌设施建设技术规程》执行。

4.1.4 定植穴

栽植前3～5d，应挖好直径为30～40cm，深度为30cm的柱形栽植穴。

4.1.5　浸苗坑

浸苗坑宽 1.5m、深 0.5m，长度依据苗木数量确定。一般 10m 长的坑可存苗 5000 株。坑底铺塑料膜，上部支搭遮阳网。

4.2　栽植

4.2.1　授粉树配置

4.2.1.1　专用授粉品种选择

大多数专用授粉树品种均可为苹果品种授粉，部分品种会有授粉品种范围，选择前应确定授粉树的授粉范围。常见授粉树授粉范围参见附录 A。一般 10 ~ 12 株主栽品种，搭配 1 株专用授粉品种，宜将专用授粉树定植在水泥杆旁边，不占用栽植树位置。

4.2.1.2　品种间相互授粉

无专用授粉树或者专用授粉树量不足时，可采用品种间相互授粉种植模式。大多数苹果品种均可配置一种或两种授粉树，少数品种（如乔纳金、陆奥等三倍体品种）自身不能产生花粉，必须配置两种不同品种作授粉品种。不同品种间授粉范围参见附录 A。主栽品种与授粉品种按照 4 ∶ 1 配置栽培。

4.2.2　栽植时间

早春土壤解冻后，20cm 深土层温度稳定在 8℃左右时。宜在苹果树的萌芽期到初花期栽植。

4.2.3　苗木浸水

栽前应将苗木根部置于清水中浸泡至少 24 ~ 48h，保证苗木成活率。

4.2.4　株行距及嫁接口

株行距为 1 ~ 1.2m×3.5m，158 ~ 190 株 /667m^2。长势旺的品种株距 1.2m，长势弱的品种株距 1m。栽植深度为砧木与品种嫁接口露出地面 5 ~ 10cm。其嫁接口离地面高度因品种不同而异，具体参见表 4。水地砧木露地面距离应大，旱地砧木露地面距离应小。

4.2.5　栽植方法

栽植时将苗木放于坑内，使根系均匀分布，扶直苗木，株行对齐。在根系周围回填细土至全部根系后提苗，以舒展根系，并踩实土，再回填细土到地面。

4.2.6　浇水

栽后立即浇透定植水，12 ～ 15L/ 株。

表 4　不同生长势品种与砧木嫁接口到地面距离

品种生长势	主要品种	嫁接口到地面距离 /cm
长势强	富士、玉华早富、瑞香红等	8 ～ 10
长势中庸	金冠、澳洲青苹、嘎啦、乔纳金、粉红女士、秦脆等	5 ～ 6
长势弱	新红星、短枝富士、蜜脆、瑞雪等	2 ～ 3

4.2.7　树盘铺黑色地布

整行平整树盘，覆盖 70 ～ 80cm 的黑色园艺地布。树干处剪开地布 35cm 左右，穿过树干拉直，破损处用土压实，地布两边各入土 5cm 踩实，株间每隔 5m 再用细土压一条 15cm 宽的土带。苗木较大的，可分树干两边覆盖，各离树干 5cm，并用土压好地面的两边和中间接缝处。

4.2.8　修剪

栽植带分枝的大苗，一般不修剪。分枝粗度超过同部位中央干粗度 1/2 的大枝或角度在 30°以内枝条留 3 ～ 4cm 短桩疏除，并涂封剪油保护剪口。如栽后遇干旱、风大、地温较低，可以疏除所有分枝，并轻定干。

4.2.9　种植低秆作物绿肥和行间生草

1 ～ 3 年的幼树，行间可种植低秆粮食作物，如豆类、薯类及蔬菜。也可间作三叶草、毛叶苕子、扁叶黄芪等绿肥作物，翻压、覆盖、沤制转为果园有机肥。有灌溉条件的果园提倡行间生草制。

附录 A

（资料性附录）

专用授粉树和授粉品种及主栽品种

A.1　专用授粉树和授粉品种及主栽品种

参见表 A.1。

表 A.1　专用授粉树和授粉品种及主栽品种

<table>
<tr><th>主栽品种</th><th>苹果授粉品种</th><th>专用授粉树品种</th></tr>
<tr><td>富士系</td><td>元帅系、金冠、嘎啦系</td><td>北美海棠（雪球、红绣球）、楸子</td></tr>
<tr><td>乔纳金系</td><td>嘎啦系、元帅系、富士系、金冠</td><td rowspan="8">北美海棠（绚丽、红丽、钻石）</td></tr>
<tr><td>元帅系</td><td>富士、金矮生、嘎啦</td></tr>
<tr><td>金冠</td><td>嘎啦系、元帅系、富士系</td></tr>
<tr><td>瑞雪</td><td>嘎啦系、元帅系、金冠</td></tr>
<tr><td>华硕</td><td>元帅系、富士系、金冠</td></tr>
<tr><td>嘎啦系</td><td>富士系、元帅系、金冠、秦冠</td></tr>
<tr><td>蜜脆</td><td>嘎啦系、元帅系、富士系</td></tr>
<tr><td>瑞香红</td><td>嘎啦系、元帅系、金冠</td></tr>
<tr><td>澳洲青苹</td><td>津轻、嘎啦系、元帅系、金冠系</td><td>北美海棠（雪球、红绣球）、楸子</td></tr>
<tr><td>秦脆</td><td>元帅系、金冠、嘎啦系</td><td>北美海棠（绚丽、红丽、钻石）</td></tr>
</table>

附录6 旱区苹果矮化自根砧栽培技术规

1 范围

本文件规定了旱区矮化自根砧苹果栽培技术要求，包括花果管理、肥水管理、病虫草防控、树形培养等。

本文件适用于旱区苹果矮化自根砧苗的栽培管理。

2 规范性引用文件

下列文件中的内容通过文中的规范性引用而构成本文件必不可少的条款。其中，注日期的引用文件，仅该日期对应的版本适用于本文件；不注日期的引用文件，其最新版本（包括所有的修改单）适用于本文件。

NY/T 1505—2007 水果套袋技术规程 苹果

NY/T 5010—2016 无公害农产品种植业产地环境条件

NY/T 525—2021 有机肥料

3 术语和定义

下列术语与定义适用于本文件。

（本文件无术语和定义。）

4 花果管理

4.1 花前复剪

4.1.1 复剪时间

从花芽开绽、现蕾期能够准确辨别花芽与叶芽时开始，到初盛花期结束。

4.1.2 疏除花枝

疏除病虫花枝、内膛细弱枝、直立花枝、过密枝、重叠花枝、腋花芽枝。

4.1.3　大年树

保留健壮中、短果枝结果，重点疏除病虫花枝、内膛细弱和直立花枝、过密重叠花枝、腋花芽枝。生长势较健壮的大年树，以轻剪、缓放为主，适当多留花芽枝结果；生长势较弱的大年树，适当多疏除部分长果枝。

4.1.4　小年树

尽量多保留花芽枝、结果枝，适当多保留带花芽的内膛较细弱、背上直立枝及外围较密、重叠枝结果。

4.1.5　花量适中树

疏剪量不宜过大。强壮的串花枝留 5 ~ 6 个花芽，中庸花枝留 3 ~ 4 个花芽，弱花枝留 2 ~ 3 个花芽进行回缩。对腋花芽可留 3 个左右花芽进行短截。对于膛内枝密者疏、稀者留。

4.2　疏花疏果

采用化学疏花疏果或人工疏花疏果，每 20 ~ 25cm 留 1 个中心果。

4.3　套袋

按照 NY/T 1505—2007 的规定执行。

4.4　摘袋

按照 NY/T 1505—2007 的规定执行。

4.5　促进着色

按照 NY/T 1505—2007 的规定执行。

5　肥水管理

5.1　生草

5.1.2　草种选择

多选用多年生黑麦草，也可同时与其他品种如三叶草、毛苕子等混播。

5.1.3　土地准备

清除杂草，旋耕、平整行间土壤，在树行两侧离树 1 ～ 1.2m 留树盘。

5.1.4 播种

宜在 8 ～ 9 月种草，草种子用量为 1kg/667m^2，与沙土混拌后均匀撒播。

5.1.5 耙地

草籽撒播后人工耙地 1 ～ 1.5cm。播种 1 周后可对少苗、无苗区补种。

5.2 水分管理

5.2.1 水质要求

灌溉用水应符合 NY/T 5010 的要求。

5.2.3 灌溉方式

采用滴灌方式。应根据果园规模大小选择适宜的滴灌系统。

5.2.4 灌溉频率

田间持水量低于 60% 时需灌水。一般 7 ～ 10d 灌溉 1 次，可与施肥相结合。

5.2.5 灌溉量

新建园单次灌水 3m^3/667m^2，随着树龄增加，单次灌水量增加。成龄果园单次灌水 5m^3/667m^2 左右，单次灌水深度 30cm。

5.3 养分管理

5.3.1 使用肥料类型

5.3.1.1 有机肥料

堆肥、沼气肥、农作物秸秆、泥肥、草炭、饼肥、生物菌肥等农家肥及工厂化学生产的商品有机肥，应符合 NY 525 的要求。

5.3.1.2 微生物肥料

微生物菌剂、微生物有机肥应符合 NY/T 525 的要求。

5.3.1.3 化学肥料

氮肥、磷肥、钾肥等大量元素肥；硫肥、钙肥、镁肥、硅肥、锌肥、铁肥等中微量元素肥；复合（混）肥和缓控肥料。

5.3.2 基肥

5.3.2.1 施肥时间

晚熟苹果基肥宜于秋季（9 月中旬至 10 月中旬）及早施入，早熟苹果可以提前 15 ~ 30d。

5.3.2.2 肥料种类

基肥种类以生物有机肥、厩肥、堆肥、沼肥、复合肥、绿肥和秸秆等为主。宜用腐熟的羊粪或者牛粪。

5.3.2.3 施肥量

有机肥（农家肥）施用量应达到每生产 1000kg 需要 1000kg 有机肥的比例，即“斤果斤肥”。

5.3.2.4 方法

分年度在树盘两边交替施肥。在距离树干 60 ~ 80cm 处开 15 ~ 25cm 的浅沟施入，或利用撒肥车直接撒到树盘，用树盘旋耕机旋耕搅拌即可。

5.3.3 灌溉施肥

5.3.3.1 施肥时间

果树整个生长期都可以灌溉施肥。一般从萌芽期开始，至落叶结束。

5.3.3.2 肥料种类

选择溶解度高、溶解速度较快、腐蚀性小与灌溉水相互作用小的肥料。如尿素（氮肥）、磷酸二氢钾（磷肥、钾肥）、硝酸钾（钾肥、氮肥）、硫酸钾（钾肥）等，也可选用商品水溶肥。

5.3.3.3 施肥量

依据土壤肥力和产量水平决定。单次施肥总量控制在 15 ~ 50g/株，可根据树龄及产量进行调整。全年施肥总量以每 100kg 目标产量计算需要量：目标产量每 100kg，所需氮、五氧化二磷和氧化钾分别为 0.55 ~ 0.6kg、0.25 ~ 0.3kg 和 0.5 ~ 0.55kg。

5.3.3.4 方法

滴灌施肥，一般 7 ～ 10d 结合灌溉施肥 1 次。

5.3.4 叶面肥

5.3.4.1 施肥时间

果树整个生长期都可以施肥。

5.3.4.2 肥料种类

选择溶解度高、溶解速度较快、腐蚀性小与灌溉水相互作用小的肥料。主要补充微量元素和部分大量元素，如钙、锌、硼、铁、氮、磷、钾等。

5.3.4.3 喷施浓度

商品叶面肥按照推荐倍数使用，单质肥参照表 1、表 2。

表 1 常用喷施浓度

肥料	浓度 /%
尿素	0.5
磷酸二氢钾	0.2
氯化钙	0.3 ～ 0.5
硫酸镁	1.0 ～ 2.0

表 2 复合螯合态微量元素起作用的浓度范围

元素	浓度 /ppm	元素	浓度 /ppm
Cu	0.8 ～ 4.8	Mn	0.8 ～ 4.8
Fe	1.6 ～ 10	Mo	0.05 ～ 0.09
Zn	0.3 ～ 1.6	B	0.4 ～ 2.4

5.3.4.4 施肥方法

与植保作业结合，机械或人工喷施。

6 病虫草防控

6.1 主要病虫害

6.1.1 主要病害

果树腐烂病、干腐病、枝干轮纹病、白粉病、褐斑病、斑点落叶病、霉心病、果实轮纹病和炭疽病等。

6.1.2 主要虫害

蚜虫类、叶螨（山楂叶螨、苹果全爪螨、二斑叶螨）、卷叶虫类、桃小食心虫、金纹细蛾、天牛、金龟子等。

6.2　病虫害防治

主要病虫害防治方法参考附录A和附录B，做到监测、预报，早发现、早防治。

6.3　鼠害、草害防治

鼠害、草害防治方法参考附录C。

7　树形培养

7.1　第一年

7.1.1　定植后修剪

定植后应立即固定树干。疏除中心干70cm以下的枝条、枝干比大于2/3的粗壮枝条、受伤枝及夹角小于30°的分枝。中心干70cm以下的枝条采用齐平剪；其余主枝（树干上所有的侧枝叫主枝）剪口均为马蹄形，短桩背上留0.5cm，背下长1～2cm。剪口涂抹保护剂。

7.1.2　拉枝

定植成活后，将长度大于40cm的所有主枝全部拉枝至110°～120°。

7.1.3　抹芽

新梢长到5～10cm时，抹除顶芽下的2、3、4芽，当顶芽长势弱，利用临近顶芽长势旺盛的新梢换头；抹除中心干上70cm以下所有萌芽及萌蘖。

7.1.4　冬季修剪

2月下旬至3月中旬，在苹果树萌芽前，疏除长势旺盛的粗壮主枝和侧枝。中心干上70cm以上，疏除枝干比大于1/2的主枝，剪口马蹄形，每年冬剪最多疏除3个主枝；疏除个别受伤枝、病虫枝；疏除主枝上长度大于30cm的侧枝，不留桩；70cm以下的枝条及萌蘖全部疏除，不留桩。

7.2　第二、三年

7.2.1　树形管理

从第二年起，树形管理主要有抹芽、中心干绑缚、生长季节修剪、秋季拉枝和冬季修剪，方法同 7.1。

7.2.2　刻芽

定植 2 ~ 3 年的幼树，在中心干光秃带上，萌芽前 7 ~ 10d 至萌芽初期，使用钢锯条在芽体上方 0.5 ~ 1cm 处刻芽，刻伤的长度要大于芽体的宽度，一般为眉形。刻伤深度要切透皮层，但不伤木质部。旺树多刻、弱树少刻或不刻，一株刻 3 ~ 5 个芽。

7.3　第四年

7.3.1　树形管理

通过修剪、疏花、疏果，确保树体营养生长与生殖生长平衡。

7.3.2　夏季修剪

5 月底 6 月初新梢接近停长时，疏除枝干比大于 2/3 的主枝，没有大量结果的粗壮枝，剪口马蹄形，每株最多疏除 3 个。长度超过 40cm 的背上直立枝，不留桩修剪。当达树高 4m 以上时，7 月中旬短截树头，之后每年均短截。

7.3.3　冬季修剪

以疏除大枝、重叠过密枝为主，修剪方案同 7.1.4。

7.4　成龄树管理

第五年果树，只进行夏季修剪和冬季修剪，夏剪同 7.3.2，冬季修剪同 7.1.4。

附录 A

（规范性附录）

苹果主要病害防治办法

A.1　苹果腐烂病

A.1.1　以培养树势为主，改良土壤，多施有机肥，行间种草，增肥地力，促进根系发育；合理负载；及时伐除病树、疏除病枝、刮树皮；定期检查，及早刮治，将刮治时间提前到采果后至落叶前，剪锯口注意保护。

A.1.2　3 月下旬至 4 月上旬，结合防治其他病害，花芽露红期全园喷 10% 苯醚甲环唑水分散粒剂 3000 倍液或 43% 戊唑醇悬浮剂 1000 倍液。

A.1.3　6 ~ 8 月份，用 8% 的甲基硫菌灵 10 倍液对主干和内膛主枝基部喷雾 2 ~ 3 次。

A.1.4　苹果采收后 15 ~ 20d 全树喷施 1 次 43% 戊唑醇悬浮剂 1000 倍液，保护果台、叶痕、果柄痕等自然伤口。

A.2　苹果轮纹病

A.2.1　培养树势，合理施用氮、磷、钾肥，应秋施有机肥，适当疏花疏果，合理控制产量。

A.2.2　休眠期清除果园的残枝落叶，刮治树干上的病瘤及老翘皮，集中烧毁或深埋。

A.2.3　贮藏前要严格剔除病果及受其他损伤的果实，低温贮藏。

A.2.4　7 ~ 8 月份雨多季节，用波尔多液保护果树。

A.3　苹果褐斑病

A.3.1　合理修剪，注意排水，改善园内通风透光条件；秋、冬季清除果园内落叶及树上残留的病枝、病叶，深埋或烧毁。

A.3.2 苹果落花后的春梢生长期，喷施43%戊唑醇1000倍液等。

A.4 苹果斑点落叶病

A.4.1 加强果园的综合管理，增强树势，提高抗病能力。清除病源，及时清扫落叶，集中烧毁。

A.4.2 春梢期从落花后即开始喷噁酮锰锌、戊唑醇、代森联、代森锰锌、多氧霉素等，10d左右1次，需连喷3次；秋梢期根据具体情况，一般喷药1 ~ 2次即可。

A.5 苹果轮纹病

A.5.1 清除病源，改善栽培管理条件；夏季剪除无用的徒长枝；及时中耕除草，改善通风透光条件，降低果园内空气相对湿度；生长季初期摘除病叶。

A.5.2 果树发芽前喷5°石硫合剂，清除病原。苹果落花后15 ~ 20d，第一次喷洒62.25%腈菌唑+代森锰锌。以后根据降雨情况至8月下旬每隔20d左右喷药1次。

A.6 苹果白粉病

A.6.1 冬季修剪时彻底、细致地修剪病梢，春季复修时再仔细搜索、剪除，集中深埋或焚烧。

A.6.2 加强栽培管理，合理密植，提干疏枝，改善通风透光条件；多施有机肥和磷钾肥，增强苹果树的抗病能力。

A.6.3 在苹果显蕾期至花序分离期喷施40%氟硅唑乳油5000倍液或10%苯醚甲环唑水分散粒剂3000 ~ 4000倍液。秋季发病期，选用12%晴菌唑乳油2000 ~ 3000倍液，或25%丙环唑乳油4000倍液或12.5%烯唑醇可湿性粉剂2000倍液。

A.7 苹果锈病

A.7.1 将果园周围5km范围内的松柏类树木改植为其他绿化树种。不能移除的，要使用杀菌剂防治松柏类的苹果锈病。

A.7.2　喷药保护在苹果展叶到幼果期喷2～3次药，用药间隔为10～15d，常用药剂有12.5%睛菌唑、40%氟硅唑等。

A.8　苹果黑星病

A.8.1　加强栽培管理。增施有机肥，低洼积水地注意及时排水，改良土壤，以增强树势。

A.8.2　清除初侵染源。挖除果园内重病树、病死树、根蘖苗，清除病根，锯除发病枝干，及时刮除病苗集中烧毁或深埋。

A.8.3　喷施80%代森联6kg/hm^2、代森锰锌6kg/hm^2、氟啶胺0.75～1.0L/hm^{2}等杀菌剂。

A.9　苹果霉心病

A.9.1　加强栽培管理；随时摘除病果，搜集落果，秋季翻耕土壤，冬季剪去树上各种僵果、枯枝等，均有利于减少菌源。

A.9.2　初花期和盛花期分别喷1次70%的丙森锌可湿性粉剂800倍液或多抗霉素、宝丽安等。

A.10　苹果炭疽叶枯病

A.10.1　新建园尽量选择不易感病的果树品种，并起垄栽培；彻底清理果园，清扫残枝落叶，强壮树势，提高树体抗病能力；果园排水、生草，覆盖地膜。

A.10.2　6月中旬，交替喷施波尔多液和代森类（80%全络合态代森锰锌）溶液喷施，或用80%丙森锌600倍液。每10～15d喷药1次。

附录 B
（资料性附录）
主要虫害防治方法

B.1　山楂叶螨

B.1.1　保护和引放天敌，食螨瓢虫、小花蝽、食虫盲蝽、草蛉、蓟马、隐翅甲、捕食螨等；树木休眠期刮除老皮；冬季树干基部培土拍实。

B.1.2　越冬螨出蛰期在花芽膨大期，选择气温较高的无风天气，喷洒 3 ～ 5° Bé 石硫合剂或 45% 晶体石硫合剂 30 倍液或 45% 多硫化钡可湿性粉剂 50 倍液或 95% 机油乳剂 100 倍液。

B.1.3　5 月上旬，用 5% 尼索朗乳油 2000 倍液、24% 螺螨酯悬浮剂 2000 倍液，喷洒树冠内膛 1 次。

B.1.4　5 月下旬，当叶均雌成螨数在 2 头左右时即开始喷 15% 哒螨灵乳油 2500 倍液、73% 克螨特乳油 2000 倍液、50% 苯丁锡悬浮剂 2000 倍液、25% 三唑锡乳油 1500 倍液、24% 螺螨酯悬浮剂 5000 倍液等。

B.2　绣线菊蚜

B.2.1　冬季结合刮老树皮，人工刮卵，消灭越冬卵；注意合理用药，开花后到小麦收割前，不得使用杀伤力大的广谱性农药，尽量发挥天敌作用。

B.2.2　常年多次喷洒过广谱杀虫剂的果园，在大发生的年份，当虫口密度过高时，及时适量喷洒 10% 吡虫啉可湿性粉剂 4000 倍液、3% 啶虫脒乳油 2500 倍液等。

B.3　大青叶蝉

B.3.1　成虫期利用灯光诱杀，早晨可在露水未干时网捕，10 月上、中旬幼树涂刷涂白剂。

B.3.2　在果园附近潮湿背风的地方种小面积蔬菜，待成虫大量迁来时喷 2.5% 溴氰菊酯乳油 3000 倍液，或 50% 辛硫磷乳油 1000 倍液。如幼园很严重，可以在成虫迁飞到果园产卵时喷艾美乐和吡虫啉防治。

B.4　金纹细蛾

B.4.1　果树落叶后，结合秋施基肥，清扫枯枝落叶，深埋，消灭落叶中的越冬蛹。

B.4.2　将金纹细蛾性诱剂诱芯缚挂于树上，高度 1.3 ～ 1.5m。诱芯外套 1 个玻璃罐头瓶，瓶内装清水，加少量洗衣粉，液面距诱芯 1cm 左右。每罐控制 667m^2 左右。每隔 1d 统计诱到蛾子数量，捞出死蛾。遇雨及时倒出多余水分；干燥时补足液面，及时更换清水，诱芯 1 个月更新 1 个。蛾高峰后 7d 喷药防治。

B.4.3　根据预测预报，在当年第 1、2 代成虫发生盛期喷 25% 灭幼脲 3 号胶悬剂 2000 倍液，或 35% 氯虫苯甲酰胺水分剂 20000 倍液。

B.5　顶梢卷叶蛾

B.5.1　芽萌动前彻底剪除虫枝梢集中烧毁；生长季节随时剪除虫梢或捏死卷叶蛾的幼虫。

B.5.2　各代成虫发生期用性诱剂诱杀成虫；保护利用自然天敌。

B.5.3　4 月上旬，用 2.5% 溴氰菊酯喷杀。6 月上中旬在第 1 代卵盛期和孵化盛期，喷洒 35% 氯虫苯甲酰胺 8000 倍液。

B.6　苹果小卷叶蛾

B.6.1　人工释放松毛虫赤眼蜂；用糖醋、果醋或苹小卷叶蛾性信息素诱捕器以监测成虫发生期数量消长。

B.6.2　于越冬幼虫出蛰盛末期（苹果花序分离期）或第 1 代幼虫发生高峰期，喷洒 1 ～ 2 次灭幼脲 2000 倍液等。

B.6.3　每周监测苹果蠹蛾和卷叶蛾设置，在卵孵化总量达到 90% ～ 100% 时喷施杀虫剂灭幼脲 2000 倍液等。

B.7　桃小食心虫

B.7.1 农业防治：减少越冬虫源基数，冬季结合施肥深翻树盘，将表层土壤翻埋于深层。开春后勤翻耕、松土、除草，破坏其栖息环境。

B.7.2 生物防治：利用桃小早腹茧蜂和中国齿腿姬蜂。

B.8.3 化学防治：6 ~ 7 月份第 1 代成虫产卵期喷施 2000 倍液灭幼脲、溴氰菊酯等。

B.8 梨小食心虫

B.8.1 避免多品种苹果树混栽。

B.8.2 8 月上、中旬绑诱虫带或束草诱集越冬幼虫。

B.8.3 冬季轻刮老、翘树皮，减少越冬基数。及时剪除刚出现萎蔫但尚未枯萎的新梢，剪除的新梢带出果园埋掉或烧毁。

B.8.4 在前期虫口密度较低时，在苹果园内设性诱杀器诱杀雄虫，15 个 /667m^2。

B.8.5 释放赤眼蜂：7、8 月份在果园释放松毛虫赤眼蜂，每代卵期放 2 ~ 3 次，每次 2 万头 /667m^2。

B.8.6 从 7 月初开始，每 3d 调查 1 次卵果率，当卵果率达到 1% 时，即行施药。使用 20% 氰戊菊酯乳油 2000 倍液、2.5% 溴氰菊酯乳油 2000 倍液、25% 灭幼脲 3 号悬浮剂 1000 倍液或 5% 杀铃脲乳油 1000 倍液，每隔 10d 左右喷 1 次，连喷 2 ~ 3 次。

B.9 苹果小吉丁虫

B.9.1 利用成虫的假死性，人工捕捉落地的成虫；清除死树，剪除虫梢，于化蛹前集中烧毁；人工挖虫，冬春季节，刮去虫伤处的老皮，用刀将皮层下的幼虫挖出，然后涂石硫合剂，既保护和促进伤口愈合，又可阻止其他成虫前去产卵。

B.9.2 涂药治虫：幼虫在浅层为害时，发现树干上有被害状，就在其上用毛刷刷 80% 敌敌畏乳油用煤油稀释 20 倍液即可。

B.9.3 在成虫发生盛期连续喷施杀灭菊酯、敌百虫等药剂。

B.10 桑天牛

B.10.1　成虫发生期捕杀成虫，检查树干上的产卵伤口，及时挖出卵和小幼虫；找到新鲜排粪孔用细铁丝插入，向下刺到隧道端，反复几次可刺死幼虫。

B.10.2　7 ~ 8 月间成虫活动期，在其补充营养寄生植物上喷施溴氰菊酯 2000 倍液；根据落地虫粪，追踪排粪孔，掏出新排粪孔内的虫粪、木屑，塞入蘸有溴氰菊酯、敌敌畏乳油的棉球，然后用泥封孔。

附录 C

（资料性附录）

苹果鼠害、草害防治方法

C.1 鼠害——北方田鼠（棕色田鼠）

C.1.1 建园时配备防鼠网。

C.1.2 在老鼠经常出没的地方每隔 5m 放置 1 个投饵器。投饵器由直径 5 ~ 7.5cm（依据老鼠种类而定）的三通 PVC 管制成，呈“T”字形，垂直管长度至少为 30cm，与水平管连接处安装过滤网，顶部配有管帽；水平管长 60 ~ 90cm，水平管管口为 45°斜切口。主要诱饵为磷化锌和其他凝血剂（敌鼠、氯敌鼠）拌制的小麦、玉米等毒饵，首次投饵 5d 后补充一次投饵，21d 后检查投饵器并补充投饵。

C.1.3 找准老鼠的活动洞口投放固体熏蒸药剂，每个鼠洞投药 2 ~ 3 片，投药后立即封死洞口。固体熏蒸药剂有磷化铝、磷化钙、氯化钾、氯化钙、溴甲烷等，推荐用磷化铝片，每片药 3g 左右。

C.1.4 有灌水条件的果园，找准老鼠的活动洞口，连续灌水，直至老鼠跑出，人工捕捉处理。

C.2 草害

C.2.1 用木屑、刨花及堆肥等有机质覆盖果园。

C.2.2 机械除草。

C.2.3 在果园行间种植绿肥，以草压草以豆科绿肥为主，如毛叶苕子、三叶草、箭舌豌豆等。

C.2.4 根据杂草类型、生长情况、天气情况等选择触杀型除草剂、萌芽前除草剂、内吸型除草剂等化学除草。

C.2.5 种植时树盘覆盖黑色地布。

附录 7　旱区苹果矮化自根砧果园农机管理技术规程

1　范围

本文件规定了旱区苹果矮化自根砧果园农机管理的农机、基础设施、农机操作、农机管理、农机作业安全规范。

本文件适用于旱区苹果矮化自根砧果园农机管理。

2　规范性引用文件

下列文件中的内容通过文中的规范性引用而构成本文件必不可少的条款。其中，注日期的引用文件，仅该日期对应的版本适用于本文件；不注日期的引用文件，其最新版本（包括所有的修改单）适用于本文件。

JB/T 8574—2013　农机具产品型号编制规则

NY 2609—2014　拖拉机安全操作规程

3　农机配置要求

3.1　园区机械设备

以 3 个工作日内完成全园植保作业任务为标准配置农机数量及规格（按一个工作日 8h 计算）。

3.2　果园机械设备

参照表 1 执行。

表 1 1000 亩果园农机配置指标

阶段	设备	主要参数	数量	配套动力（hp）	用途
1 年	拖拉机	>80hp	1		果园专用
	打药机	2000L	1	80	植保防护
	旋耕机	≥ 2m	1	80	平整土地，覆草
	工具车	4 驱	1		运输工具、应急等
	三轮车		1		运输工具
2 年	割草机	宽幅可调	1	80	割草
	拖拉机	>80hp	1		果园专用
	工作平台	适应果园行距	2	80	园艺操作、采摘等
	叉车		1		果筐运输
	同轨车	10 个框	1		果筐运输
	驱鸟器		1		驱鸟
3 年	打药机	2000L	1	80	植保防护
	秸秆还田机	宽幅可调	1	80	割草
	采摘平台	自走式	1		果实采摘
	断根机		1	80	断根控制树体长势
≥ 4 年	拖拉机	>80hp	1		果园专用
	搂耙机		1	80	将修剪掉的枝条收拢

3.3 基础设施

平均 1000 亩果园需配置 550m^2 以上的机务区，库高 5m。

3.4 机务区建设要求

农机库采用砖木结构、砖混结构或砖墙、轻钢屋架承重结构。日常维护和检修，农机库的采光面积不能小于地面的 1/7。农机库的地面宜选用耐磨损、不起尘的材料作面层，并有一定坡度，以便排水。配备安全消防器材。

3.5 机务区主要功能区划分及配套设施

3.5.1 农机停放区

农机停放区用于农机的日常停放，机具统一停放、摆放整齐、机具清洁。每个停机位大小至少为 2.7m×5.0m。

3.5.2　油料存放区

油料存放区应置于农机库的下风向，与其他建筑物保持 10m 距离。拖拉机用油以柴油为主，油库容量可按每台拖拉机每一耕作季节的耗油量（约 2 ～ 3t）计算。贮油容器多用金属油罐或油桶露天放置。农机用油有汽油、润滑油、煤油等，多为桶装或库存。油桶不宜叠放，不同油桶分组放置。油料存放区内应专门配备防火灭火器材。

3.5.3　维修区

维修区用于农机的日常维护与修理，配置两条维修沟，长宽高为 3m × 0.8m × 1.5m。维修区配置农机修理相关的常用维修器械，如电焊机、台钳等。

3.5.4　配件室

配件室存放各类农机的常用零部件，分门别类，摆放整齐。

3.5.5　办公室

办公室为员工日常办公、休息场所，另存放各类农机的档案资料及日常农机作业的出入库手续及作业规程。

3.5.6　农机库附属设备配置

农机库需配备电焊机 1 台、切割机 1 台、台钻 1 台、行车架 1 台、电瓶充电器 1 个、高压气泵 1 台、洗车枪 1 把、加油罐 1 个、加油枪 1 把。

4　农机操作

4.1　农机人员管理

农机主管部门负责培训农机合作社农机队长、农机合作社负责培训农机操作人员；驾驶（操作）各类机械人员必须办理驾驶证、操作证。农机合作社雇佣农机人员双方应签订劳动合同，避免出现农机事故产生纠纷。农机人员每年进行 1 次技术考核，考核成绩记录在个人技术档案中。驾驶员会操作、会保养、会修理。

4.2 拖拉机及旋耕机操作

4.2.1 操作要求

田间作业要走正、走直，起落农具及时、准确；各种仪表读数正确，手脚动作配合准确；挂接农具的拖车起步要慢，上下坡、弯路行驶要慢，过村镇、桥梁要慢。

4.2.2 拖拉机

按照 NY 2609—2014 执行。

4.2.3 旋耕机

4.2.3.1 旋耕机作业前

检查旋耕刀、螺栓及万向节锁销。拖拉机启动前，将旋耕机离合器手柄拨到分离位置。

4.2.3.2 旋耕机作业中

万向节工作两端应接近水平，其夹角不得大于 10°。拖拉机按照 NY 2609—2014 执行。

4.2.3.3 旋耕机作业后

作业完成后，应及时清除机器上的杂物，放入机务库。长期存放时，应清除、洗净旋耕机外表泥土、缠草，更换传动箱内齿轮油，对各润滑部位进行润滑；拆下刀片、万向节并涂油放于室内；对其他外露工作部件涂油防锈，损坏的零件及时修复或更换，然后垫起旋耕机，存于避光、避雨、通风干燥处，防止腐蚀、生锈。

4.3 田间操作平台

4.3.1 操作平台作业前

检查各部件是否牢固，发现问题及时解决。拖拉机启动前，将操作平台挂靠。

4.3.2 操作平台作业中

万向节工作时两端应接近水平，夹角不得大于 10°，在工作状态提升时，夹角不得大于 30°，同时应降低转速，以防损坏万向节总成。转弯时，应减小油门，尾轮与转向离合器要相互配合、缓慢进行，严禁急转弯，以防损坏有关零件。

4.3.3　操作平台作业后

作业完成后，应及时清除平台上的杂物，检查操作平台各接合是否发生断裂，维修后，放入机务库。

4.4　植保机械

4.4.1　打药机作业前

启动前，必须向发动机及泵头注入机油。拧开加水盖，将药液或清水注入过滤网内。将泵头高压把手上升到最高点并关上出水开关，然后启动发动机，反复搅拌药液，3 ~ 5min 即可拌匀药液，使压力表数在 25 ~ 30kg 左右，旋紧固定螺帽放开出水开关。

启动之前先关闭出水阀，打开卸荷手柄使之处于卸压状态，并将高压泵的压力调节到最小。

4.4.2　药机作业中

行驶速度不超过 7.5km/h；地头转弯时，关闭喷嘴，减速，安全行驶。作业时出现流量减少、压力不足时，请检查相关部件，清除故障。根据当地的环境情况，调整喷头的大小眼。无风或风小时使用小眼，上下 2 次共可以喷 4 行；有风时使用大眼，上下 2 次共可以喷 6 行。

4.4.3　打药机作业后

作业完成脱开挂车时，使用手刹将脱开挂车的机器停放在平坦的地面。及时清洗打药机药罐及喷头，存放时必须在干燥、无积水的地方，防止机械生锈。农药有可能溅到的部位，如手、脚、脸等部位要及时清洗。

4.5　割草机

检查机具各个连接环节的紧固牢靠程度，检查液压变速传动箱的油面。

按照行间宽度及树盘草生长情况进行割草作业。

作业完成后，应及时清除割草机上的杂物，检查割草机各接合是否发生断裂，维修后，放入机务库备用。

5 农机管理

5.1 农机人员配备

平均每 1000 亩果园需配备农机人员 3 ～ 4 人，其中管理人员 1 人、农机手 2 ～ 3 人。

5.2 管理人员职责

按照 NY 2609—2014 执行。

5.3 农机手职责

按照 NY 2609—2014 执行。